自酿啤酒
完全指南

宋培弘 著

LET'S BREW!

中国轻工业出版社

图书在版编目（CIP）数据

自酿啤酒完全指南 / 宋培弘著. —北京：中国轻工业出版社，2020.5

ISBN 978-7-5184-1624-0

Ⅰ.①自… Ⅱ.①宋… Ⅲ.①啤酒酿造 – 指南

Ⅳ.① TS262.5–62

中国版本图书馆 CIP 数据核字（2017）第 230814 号

责任编辑：江 娟 秦 功

策划编辑：江 娟 责任终审：张乃東 封面设计：奇文云海

版式设计：锋尚设计 责任校对：燕 杰 责任监印：张 可

出版发行：中国轻工业出版社（北京东长安街6号，邮编：100740）

印 刷：北京富诚彩色印刷有限公司

经 销：各地新华书店

版 次：2020年5月第1版第3次印刷

开 本：195×235 1/16 印张：17

字 数：300 千字

书 号：ISBN 978-7-5184-1624-0 定价：88.00元

著作权合同登记 图字：01-2017-5526

邮购电话：010-65241695

发行电话：010-85119835 传真：85113293

网 址：http://www.chlip.com.cn

Email：club@chlip.com.cn

如发现图书残缺请与我社邮购联系调换

200445S1C103ZYW

推荐序

俗话说得好：干杯干杯再干杯，自己酿酒自己醉。若要说Miss米最喜爱的精酿啤酒，毫无疑问的就是台湾本地品牌"啤酒头酿造Taiwan Head Brewers"，没想到啤酒头的创办人Ray居然毫不藏私、倾囊相授自酿啤酒大绝招！Miss米边看边喝边推荐，真心不骗！

Project Michelin上班族的米其林计划／Miss米

Ray是我非常敬佩的朋友，同是处女座的我们，都有着追求完美的龟毛（指不干脆、不爽快，对某些小事物有着莫名所以的坚持，并且是不被赞赏的坚持）个性，我们一直是自酿学习路上，互相砥砺成长的好伙伴。Ray对于完美的标准程度更甚于我，我只钻研在啤酒这块领域上，但Ray还精通咖啡、音乐、文学等领域，是非常努力且有才华的人。

这本书一定是Ray挑灯夜战下的呕心沥血之作，感谢强者我朋友Ray，对于台湾自酿啤酒的推广，贡献一本即将流芳百世的自酿圣经。

台湾自酿啤酒推广协会理事长／段渊杰

自酿啤酒是精酿啤酒的基石，多少成功的酿酒师是自酿啤酒出身的？甚至可以说，哪一位酿酒师不是自酿出身的呢？

台湾精酿啤酒这几年风起云涌，热潮正式浮上台面。精酿酒厂的实力不断提升，甚至勇夺国际大奖，未来在亚洲版图上的前途不可限量。

Ray从以前到现在，一直是自酿界出了名的最佳酿手，让许多人自叹不如。他也是咖啡好手，味觉细腻、逻辑清楚。相信这本书将造福许许多多喜欢DIY的初学者。我也相信，有了这本书作为基石，台湾精酿产业将会更茁壮，更健全。让我们观察这本书即将带来的影响，敬请期待！

台湾精酿啤酒俱乐部创办人／谢馨仪

推荐我的好友这本书之前，先简单地自我介绍一下。我跟本书作者宋培弘一样，都是自酿狂热分子，自七年前接触到所谓的精酿啤酒之后，惊觉原来啤酒的世界如此有趣，复杂程度之高，完全不逊色于其他酒类。更有趣的发现是国外很多人会在家自己酿啤酒，偏好DIY的个性当然驱使我也动手撩下去，这一撩，撩出了一群热爱自酿的好朋友，当然宋培弘也是其中之一。

宋培弘Ray，我们称他雷大，是位相当认真的自酿狂热分子，因为工作繁忙的关系，常在凌晨三、四点开始磨麦糖化，八点收拾完毕出门上班，此等热忱无人能出其右。完美演绎处女座的他，凡事都认真得让人觉得变态，看这本书的目录就知道了，内容相当扎实，保证是一本入门到精通都相当适合的书。如果您是位自酿新手，麻烦左转去结账吧，本书可以让您轻松入门，如果您是位自酿老手了，也麻烦跟着前面那位左转结账，本书绝对会有您对自酿所有疑问的解答。

恒春3000啤酒博物馆酿酒师／陈嘉宏

我的龟毛射线学弟Ray是纽约大学理工学院的学弟，不过，我们之间隔了一轮十二岁，当我离开美国的时候，他还没到纽约。我们的结缘是来自音响，那个年代，很多电机人是玩音响长大的。有一年，我们不约而同到政大彭明辉教授（同时也是啤酒头酒标的题字者）的研究室听音乐才相识。我对他的第一印象是腼腆而温文儒雅，念过不少闲书，那时还不知道他有特异功能。要知道，一个有特异功能的人不是天分过人，就是努力龟毛到异于常人。随着越来越熟，碰面的地方就改到他家了，这时谈的还是音响居多。慢慢地，他家成为我到台北开会，被迫要住在台北的选择之一。然后，我就掉进了好几个深不见底的大坑。

威士忌是我偶尔喜欢浅尝的酒，但我对酒要求不高，有的喝就好。在Ray的家里，我开始学会什么是单一纯麦，对产区特性的了解也是从那个时候开始的。慢慢地，我发现他同时也是咖啡界名人，对于咖啡烘焙有独到的见解，有一次早晨，冲了又冲，他每次都是浅尝后就倒掉，总共六次，在第七次时，我才喝到一杯甘醇美味的咖啡，龟毛射线的称号就从此时开始在我们的朋友圈散播开来。因为Ray的启发，日后才有Lulu's Hand这只不用滤纸的手冲咖啡滤器的发明。十几年来，与咖啡相关的店如雨后春笋般诞生，我总是认为Ray应该开一家，但他总是谦虚地回答咖啡界比他厉害的人多得是，还轮不到他。

除了咖啡与威士忌，不知道从什么时候开始，精酿啤酒开始出现在我们的秉烛夜谈之中，而且口味日渐变好，谈话中，我发现Ray对于啤酒的渊博学问可不光是挂在嘴上而已，他会将种种实验加之于啤酒酿造上，同时也会开发各式各样酿酒时需要的工具，十足的Maker。紧接着，在各地的演讲与他参与主办的台湾精酿啤酒比赛中，他一直精进于啤酒的酿造，他的龟毛个性更在此展现无遗，以能控制变因、随心所欲酿出心中计算后预设的口味为宗旨，不媚俗于市场考虑去酿出一些易于入口却没有个性的作品。几年来，我扮演着挖坑、谋士与吐槽的学长角色，不断劝他创立自己的公司。这就是我们今天看到的，以二十四节气命名的台湾啤酒头啤酒。这是个从一开始就以建立自有品牌，追求高品质与深度文化的商品。身为创办人，Ray也是绘图芯片世界第一大厂NVIDIA的资深软件固件工程师，工程师的严谨加上文化人的浪漫，这样子的人才正是社会最需要的。

身为把龟毛射线推入坑的学长，我与有荣焉。

成功大学资讯工程学系教授／苏文钰

第一次听到培弘的名字是在精品咖啡的聚会上。好几年前了，当时咖啡业已喝完，大家进入喝酒吹牛皮阶段，听闻一位没来的大大以咖啡和古典乐双绝，还好今天没来，不然，我们烘的这些豆子都不用混了云云，此人姓宋，大家叫他Ray。要知道在这个喝到有点瞎的阶段，还被大家异口同声捧起来赞美的人，那不是厉害，是一定很厉害。

过了好几年，因缘际会从资讯业转战私厨，从开始喝起精酿啤酒，到挽起袖子自酿啤酒，以初学者身份在脸书上参与自酿啤酒狂热分子俱乐部活动，再次听到培弘的名字。他走得很前面，秉着工程师的严谨，一个类别、一个类别地把BJCP的各类型啤酒摸个通透，酿个彻底。无论我们这些新手传讯问什么没水准的问题，他都文质彬彬地提供我们良善的建议。

后来酿出点心得，这几年在几个厨艺教室教起《精酿啤酒搭餐与入菜》与《自酿啤酒入门》的课程，也承蒙错爱，在致理进修推广部开了精酿啤酒的课程，算是半只脚踏在业内了，此时才知道啤酒学问博大精深，比起葡萄酒，它更开放自由，比起威士忌，它更易学难精。

但总有一天，或早或晚，在喝了这么多酒之后，喝酒的人会有一个梦想，想着抽屉里那厚厚的品饮记录，一发豪语，彼可取而代也。自己遍尝百酒，酿酒原理也没少读，酒厂也看过几个，是不是可以酿出自己的酒呢？尤其在不小心喝到乱七八糟的烂酒之后，想着海明威说的"生活总是让我们遍体鳞伤，但到后来，那些受伤的地方一定会变成我们最强壮的地方"。除了辛苦的味蕾变得更顽强，也不禁会想，酿出好喝的酒真的有这么难吗。

如果今天是葡萄酒或是威士忌的领域，那要投入的成本很多，成果绝对与心目中的预期相差甚远，但啤酒不同，多少世界级的精酿啤酒大厂皆由自酿开始，这种"车库酿酒"的事迹告诉我们，插着口袋用下巴对桌上的酒指指点点的我们，是有机会酿出佳酿的。你需要的只是一块砸破纸糊窗的砖、一点冲动，让你开启瓦斯炉煮起热水糖化麦芽，让你知道该消毒什么，才会让麦汁变酒而非酿醋。

培弘这本大作绝不仅是"敲门砖"，人家说"取砖开门，门既得入，砖便无用"，但无论第一桶初酿大受好评，第一次爆瓶吓死自己，第一次加蜂蜜通通捐掉，第一次在自酿比赛看到培弘大大等，都可以在这本书里面得到莫大的帮助。没有这本书，酿啤酒是大卫对上歌利亚，是的，你终究会赢，但过程紧张且跌跌撞撞，摔得你龇牙咧嘴。翻开此书，那就是歌利亚举起大卫放在肩上，一秒变牛顿，好喝、好玩，还很有趣。

是的，培弘不单只是功课做得好，我喝过培弘的自酿，很佩服。真实与幻想是一条连续的光谱，培弘说要有光，便有了光，我无法想象他经过多少次尝试才可以把北极熊与狮子完美地融合在一起，更过分的是还给了他一个二十四节气的名字，然后你觉得天杀的就是这个，全世界动物园都应该要有一只这个才对。

希望这本书能有很多很多的签书会，希望签书会可以让更多读者喝到很多培弘的自酿。

福邸行政主厨／史达鲁

一位优秀的酿酒师，需要兼具艺术家天马行空的创意，与工程师分毫不差的精准；当然，更要有对啤酒无法自拔的热情。

培弘兄不论在音乐、文学、摄影等领域皆有涉猎并拥有其独到见解，更因本身的工程师背景，让培弘兄将其丰沛的创作灵感，精准地酿造成一款款的佳酿。

台湾近年兴起精酿啤酒风潮，其中很重要的一股动力，就是日渐增加的自酿啤酒玩家（Home brewer）。有道是"高手藏于民间"，许多自酿啤酒玩家在不断自我精进，还在与同行交流时累积相当可观的经验值与实力。培弘兄所参与的台湾精酿啤酒品牌"啤酒头"三位创办人都是从自酿啤酒玩家出发，一路走到国际啤酒竞赛的颁奖台。

经过多年的期待，培弘兄的自酿啤酒大作终于问世；不论是对于想要单纯享受自己酿酒乐趣的玩家，或是有心投入啤酒产业的朋友来说，培弘兄这本大作绝对是想要更进一步了解啤酒不可或缺的一本工具书。

美国酿酒协会年会（2015）客座演讲人／林幼航

作者序

我忘不了当年在宾州小镇New Hope，走进我人生第一家酒厂Triumph的那个惊奇下午。

在十几年前的那个午后，我第一次接触到了何谓精酿啤酒（Craft beer），在此之前，我从不知道原来啤酒还有这么多颜色、香气以及不同的风味，甜苦交杂，实与人生无异。那天下午在酒厂酒吧中喝完一轮啤酒后，酣畅惬意之余，竟发现啤酒似乎正闪着光向我热情招手。

在这么多年的寻啤酒、品啤酒、藏啤酒（别笑，很多啤酒可以陈年收藏！）与在家酿啤酒，以至于后来因缘际会创建了啤酒品牌厂"啤酒头酿造Taiwan Head Brewers"的过程中，我从原本在门外徘徊张望的家庭自酿者，一跃（或说进了热呼呼的厨房？）成为职业酿酒师。我的日子从单纯变得复杂，从0与1数字世界的工程师，到周末的兼职酿酒师，管理数以百万计的员工（酵母永远是酒厂最难管的），乃至于需要精熟人情事理的啤酒销售人员。这个从数字到类比的进展实在有点快，总觉得我还需要更多时间来适应。

但不管身份如何改变，我们在面对啤酒这道千年文化与知识之墙之前，始终是微小的。人类酿造饮用啤酒已有数千年的历史。早在古埃及时代，啤酒即是生活不可或缺的饮品，连金字塔的兴建，都看得到啤酒如影随形的身影；而中世纪欧洲修道院的僧侣们，平日要靠酿酒维持生活开销，斋戒期间要靠饮用啤酒来维持体力。其后，巴伐利亚联邦在1516年颁布《啤酒纯酿法》，规定啤酒只能使用大麦芽、酒花与水来酿造，于是形成了日后啤酒的大致样貌。

工业革命之后，人类开始使用可以精准控制火力与低燃烟的煤炭，造就了浅色麦芽的出现，直接导致啤酒历史上第一支金黄色的淡色啤酒（Pilsner Urquell）在1842年于捷克轰然诞生。接续而来的两次世界大战改变了啤酒风格的面貌，许多传统的啤酒风格，像Oatmeal stout、Belgian white beer与Gose在战后消失于世界啤酒的版图之中，但又由于这几十年来的啤酒文化复兴，唤醒了这些身处幽暗世界数十年无人问津的旧世界啤酒风格。

啤酒是一部演进中的活历史。

啤酒风格演变不断进行，身处台湾的我们又是如何看待这股啤酒热潮呢？台湾烟酒公卖走入历史，开启了民营酿酒的新时代，但随之而来的产业热潮竟在数年之后成为泡影，许多早期开拓的前辈都不敌市场状况而纷纷离去，严格来说，仅余"北台湾麦酒"走过这风雨十来年仍屹立不倒。

至今，台湾的精酿啤酒市场开始慢慢升温，前辈们的失败不代表产业无前景，只是前辈们领先市场太远，当时台湾啤酒与喜力还是台湾民众对于啤酒所知的一切。时光巨轮持续向前，2010年"台湾精酿啤酒俱乐部"于脸书上成立，创办人谢馨仪、林幼航与段渊杰投注热情，让更多人认识国外进口的精酿啤酒风味。2011年，华文世界第一个自酿啤酒讨论社团"自酿啤酒狂热分子俱乐部"于脸书上成立，丰富的资讯分享与互助的讨论风气，大幅降低了自酿啤酒在台湾的门槛，自2012年开始举办的"台湾自酿啤酒大赛"，年年凝聚了全台湾自酿圈的向心力，2016年"台湾自酿啤酒推广协会"登记成立，期许在台湾以协会的力量推广在家酿酒，并且推动修改不合时宜的酿酒法令，台湾自酿运动如同野火燎原般正式开展。

台湾自酿运动的发展与否，攸关整个台湾精酿啤酒产业的未来。

美国的精酿产业起点是1978年联邦政府让在家酿酒成为合法，停止了自1918年以后美国禁酒令的限制。这些早期美国的家庭自酿者顺应时势，接连成为美国民营小酒厂的先锋。美国精酿民营酒厂在20世纪80年代开始萌芽，90年代开枝散叶，并于千禧年后持续以每年超过两位数的增长率蓬勃发展，甚至2008年金融海啸期间百业萧条，唯独精酿啤酒产业一枝独秀、热力不减。至今，全美已经有超过5000家以上的精酿酒厂，整个美国精酿啤酒产业的市值超过200亿美金（2015年）。对比于美国的自酿历史与精酿啤酒产业演进，我们可以确信台湾的精酿酒厂产业，在未来势必也会走上类似的道路，只是不知道大规模的上升期何时会到来。虽然台湾的市场规模无法与欧美相比，但因现在台湾精酿啤酒市场的占有率还不到1%，我们应该很开心有超过99%的市场正等着我们。

相信动手做所带来的力量。

从小到大，我们常听到这句话："从做中学（Learning by doing）"。可是越长大，很多人反而越失去了动手的能力。本书的目的就在于此：引导动手的欲望，降低失败的门槛。写书的志向是远大的，至少你从每一章节的名称就可以知道作者的野心（或该说期许？），就像小时候家中的大英百科全书那一整列令人仰望的书目。但酿造科学的世界浩瀚，以最后书写的结果看来，只能说我是诚实的，把自己过去多年在酿啤酒上摸索与书本反复验证后的心得写下来，期许自酿的新手们可以绕过这些不必跌进去的坑，随心所欲酿出想酿的酒。

本书以一个家庭酿酒师的视角写下了在台湾市面上能购买到的设备与器材，进行简单的改装后就能拿来酿酒，我也鼓励大家先用手边可取得的锅碗瓢盆，善用家中厨房的设备，便无需另外购买。现今台湾社会的房价高涨是民怨之首，空间寸土寸金，不要堆放过多的器材造成家人的压力。很多人看待酿酒是一份浪漫的职业，但实际上，酿酒的背后是再科学不过的逻辑，本书以简易的示范与选择器材为主，到了原料章节（麦芽、酒花、酵母）就会讲得稍深，请尽量坚持，如真的不行也可以跳过，直接进入啤酒风格解说与配方的章节，直接照着配方动手做也是能够成功的。

要将本书献给我无怨无悔的太太宛津，由于她的缘故，我才成为一个更好的人。

希望这本书能帮助到你，就像当年Triumph酒厂伸手为我所做的那样。

Ray

麦汁中为什么要加糖？·加糖的缺点·常用的糖

06　酿啤酒的进阶知识

07 啤酒配方

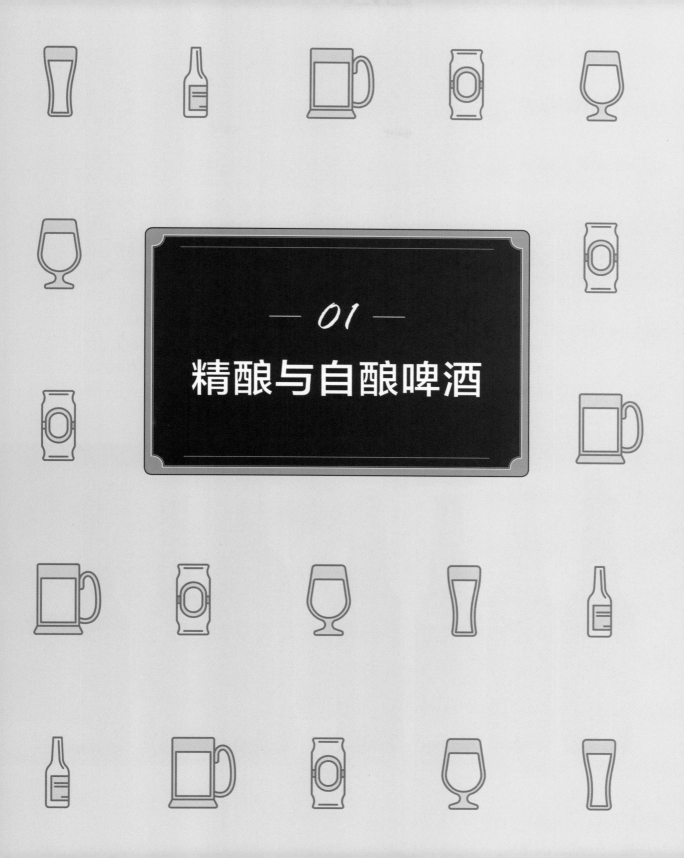

— 01 —

精酿与自酿啤酒

精酿啤酒

　　精酿啤酒翻译自英文的Craft beer。Craft让人直觉联想到Craftsmanship一词，代表一种精致的手艺技术，隐含着对品质有所坚持的精神。"精酿啤酒"这个翻译字词应源自于2002年台湾第一间创立的民营酒厂：台精统股份有限公司（台湾精酿系统）。当时"精酿啤酒"这个名称，就已经出现在相关的广告用语之中，但民营酿酒产业并不如前辈们想象中的乐观。台精统酒厂后来不敌市场环境，以失败告终。在当时一波精酿啤酒厂的设厂热潮中，严格来说仅有"北台湾麦酒"度过产业寒冬，至今已成为台湾精酿啤酒厂界的骄傲。我们知道时代的前进总是缓步向前，点滴累积，时间拉长才能看出成绩。2010年创立的"台湾精酿啤酒俱乐部"，开始将台湾的精酿啤酒爱好者，在虚拟世界中聚集起来。2011年创立的"台湾自酿啤酒狂热分子俱乐部"，降低在家酿酒的门槛，使得更多人可以窥见精酿啤酒手工制作的美妙之处，这些不同领域中的努力，塑造了台湾现在精酿啤酒产业的样貌。

回到精酿啤酒，我们可以将精酿啤酒简单定义为：好喝的啤酒、小规模酿造的啤酒、酿造的过程具有工艺精神的啤酒，或泛指以精酿精神来酿造的啤酒。

很多文章一谈及精酿啤酒的定义，都会拿出美国酿酒师协会BA（Brewers association）的定义来解释，这似乎成为精酿啤酒相关文字中约定俗成的传统了，但这样的定义并不符合台湾当地的现状。美国酿酒师协会提及的"少量生产"对于台湾当地民营酒厂来说，就已经是个难以想象的天文数字，更遑论对于酿酒师与酒厂产权上的规范，在台湾我们不能以这样的标准来判断是否为精酿啤酒，因为民情与产业的成熟度完全无法相比。我认为精酿啤酒最重要的是要能带给饮用者愉悦的感觉（但不排除某些风味吓人的实验作品），精酿啤酒代表的是一种态度、一种创新的热情，甚或混杂着对于品质的狂热追求，以至于延伸到对不同啤酒风格、原料与设计包装的高标准啤酒。

相较于精酿啤酒，我们会称市面上广泛能见到的啤酒为商业啤酒（Commercial beer），虽说有些商业型啤酒的风味并不突出，但因其商业规模大，在维持品质稳定上所付出的努力往往是精酿啤酒厂所无法企及的，光是这点，就值得对这些大型啤酒厂致以敬意！

美国酿酒师协会BA对精酿啤酒的定义：

少量生产：年产量低于600万桶，这大约是美国全国啤酒年销售量的3%。

独立产权：酿酒师（们）拥有超过75%的产权，这代表酿酒师在酒厂营运中占有主导地位，而不是以销售目的为主要考虑。

传统创新：酿酒师无论是采用坚守传统，或尝试创新的酿造方式与原料来酿酒，都要以带出最佳风味的啤酒作为优先考虑。

世界啤酒的特色

德国

  德国产品总给人品质稳定、坚牢可靠的印象，德国啤酒也有这种倾向。德国啤酒中令人印象最深刻的是拉格型啤酒（Lager），这种啤酒在工业革命之后因冷冻技术的成熟而席卷全球，现在市面上大部分的商业啤酒（台啤、喜力）都可以追本溯源于此。

  拉格型啤酒口感相对清爽而顺口，颜色则从金黄色到深黑色都有，从最淡色的慕尼黑淡色啤酒，到德国比尔森啤酒、德国出口型比尔森啤酒，以及颜色呈淡色到琥珀色的十月庆典啤酒，颜色更深的慕尼黑深色啤酒与德国黑啤酒等。

  德国也有爱尔型啤酒（Ale），以德国闻名世界的小麦啤酒为主角，从淡色的德式小麦啤酒，颜色呈琥珀色的德式深色小麦啤酒，到小麦博克啤酒，造就了小麦啤酒世界的丰富与美好。另外，德国的科隆啤酒与老啤酒，也在混合型发酵啤酒中占有一席之地。

  这些令人眼花缭乱的德国啤酒风格，仅是德国啤酒的一部分而已，由此不难窥见德国啤酒在啤酒世界中的重要地位。

德国出口型比尔森啤酒

比利时

比利时只有一千多万的人口，在欧洲属于小国，但却是许多精酿啤酒迷心心念念的"啤酒天堂"。比利时有三种官方语言（荷兰语、法语与德语），其并非著名的啤酒原料产地，但比利时啤酒的多样性，在传统的啤酒欧陆强权中无人能出其右。有人认为比利时酿酒师们或许因不受德国啤酒纯酿法令的限制，更能发挥创意来酿造出各式各样的有趣啤酒。

比利时啤酒最为啤酒迷所津津乐道的就是高酒精浓度啤酒的适饮性，喝起来常常不觉得酒精度高，但一杯下肚之后，却开始天旋地转起来。对于高酒精浓度啤酒的酿造技巧而言，比利时的修道院修士们绝对是个中好手。源自比利时的严规熙笃会修道院是比利时啤酒的一大支柱（虽然在比利时境外也有此系统的修道院啤酒，但仍以比利时境内为最大宗），他们自1997年开始使用"Authentic Trappist Products"作为商标来行销啤酒。

除了修道院啤酒外，比利时酿酒师也酿造出许多水果啤酒，还有举世闻名的以野生酵母发酵的拉比克啤酒，这些都是许多啤酒迷的心头好。比利时酿酒师也擅长将各式香料应用在酒中，营造喝啤酒过假期的欢庆氛围。喔！比利时啤酒中还有广为人知的比利时小麦啤酒，这是一种以未发芽小麦酿造，加入芫荽种子与苦橙皮的清爽型小麦啤酒，这是炎热夏天的最佳伴侣。以丰富多彩与绝佳创意造就的比利时啤酒世界，形容其为"啤酒天堂"绝不为过。

英国

很多人听到英国总联想到绅士之国，文质彬彬的形象似乎也反映在英国啤酒上。英国啤酒以爱尔型啤酒为主，带着繁复高雅的花果香气，这是与清爽易饮的拉格型啤酒最大的不同。英国啤酒因为税制的关系，普遍具有低酒精浓度的特征。另一个原因是英国人喜欢流连酒吧，一个晚上在闲聊间往往就能喝下两三杯各500毫升的啤酒，如果酒精浓度太高，我想肯定会造成困扰吧。

英国啤酒很重视麦芽的风味，基本上以8~9℃到室温间的品尝温度最能展现英国啤酒的丰富香气与迷人质感，以广泛饮用的英式苦啤酒最具代表性，这种酒的酒精浓度低（3%~5%），室温喝起来麦芽核果味与英国酒花所交织出来的美味很令人着迷。除此之外，英国的黑啤酒也很有名，波特啤酒与世涛啤酒是英国黑啤酒的两大根基，喝过好的英国黑啤酒后，会难忘于其味道丰富却又有这么低的酒精度，这到底是用了哈利·波特的哪种魔法呢？

亚洲

亚洲并非传统的啤酒生产与消费地区，相较于欧陆深厚的啤酒文化与历史，亚洲起步较晚。日本自明治时期开始积极西化，是亚洲最早期开始深入接触、饮用与酿造啤酒的国家，而台湾对于啤酒的酿造与饮用风潮也由日本传入。

亚洲由于气候普遍较欧美炎热，流行的啤酒偏向清爽解渴、适合畅饮的拉格型啤酒，而且又以商业型啤酒为市场

燕麦世涛啤酒　　　英国波特啤酒

主流。日本的地区型啤酒厂开始发展于1994年，台湾的民营小酒厂则在2002年后被允许设立，目前有许多当地的小酒厂于各地开花，以不同的当地视野诠释出精酿啤酒的多样性风格。

美国

美国的精酿啤酒厂是开启眼前这波精酿啤酒浪潮的最大推手。美国精酿的啤酒厂在20世纪80年代才开始进入市场，相对于啤酒世界中好整以暇的欧陆传统啤酒厂，美国的酒厂可说非常年轻，并运用了不同的思维来打破啤酒世界的僵局。美国酒厂大量采用新颖的酒花品种来酿造丰富果香的啤酒，造就了美式IPA的浪潮。

所谓的IPA指的是"印度淡色爱尔啤酒（India pale ale）"的缩写，这是一种源自于英国，使用了大量酒花来增添风味的啤酒类型。美国的精酿酒厂由于使用了美国品种改良后的酒花，让IPA产生大量且强烈的柑橘、柚子皮、热带水果的香气，使IPA一举从英国殖民地历史的遗迹中，一跃成为世界当红的精酿啤酒风格，而且相信IPA这股热潮还能持续好一阵子。

除了复兴IPA，美国酒厂同时将触角伸到许多传统风格上。创意无穷的美国酿酒师不但善于挖掘历史，更以美国的角度重新诠释配方，加入美国当地的特色，让旧酒玩出许多精彩的新把戏，让啤酒迷眷恋不已。如美式帝国世涛、木桶陈年啤酒或甚至是美式自然酸酿啤酒等，都是深受啤酒迷欢迎的新时代啤酒类型。

印度淡色爱尔
（India Pale Ale – IPA）

正确打开啤酒的方式

精酿啤酒的品饮方式与一般的商业啤酒有着明显的差别，大家可别像平常喝台啤或喜力一样，从冰箱拿出来后，就迫不及待地像在赶火车般直接打开一口灌下，这样喝虽然的确非常过瘾，但以瓶就口的缺点是除了欣赏不到好啤酒的美丽色泽外，也闻到不到优质啤酒的香气，再者，精酿啤酒的价格通常较高，喝太快实在很伤荷包啊。

想要真真正正地品尝到酿酒师的心意，得要拿出一点时间来才行。把啤酒缓缓地倒进杯子里，先从外观上观察它的颜色与清澈度，辨别一下它的香气，慢慢地啜饮，仔细地感受啤酒在口中的滋味，最后再享受啤酒的尾韵与畅快感受。

以下列出品饮的要诀，只要多练习几次，相信你也可以像个专家一样品饮啤酒：

准备好一个喜欢且干净的玻璃杯，打开啤酒盖，缓缓地倒入啤酒。开瓶的时候听听声音，例如，小麦啤酒普遍泡沫多，二氧化碳的气量高（碳酸化程度高），开瓶时声音较大。又如英国啤酒泡沫少，气量低，开瓶声往往也比较小。

接着仔细地观察一下啤酒外观，比尔森啤酒多呈现金黄色，美国的淡色爱尔会再深一点点，但不会超过浅琥珀色。如果是黑啤酒，如英国的波特啤酒，倒出来的颜色是不透光的深色系。

 一般商业啤酒的含气量会较高，通常是为了弥补其风味上的平淡。当然，搭配起重口味的热炒与炸物，平淡的啤酒风味也是种优点。精酿啤酒的含气量，则根据酒款的不同而有高有低。

靠近闻一闻，主要是麦芽香气吗？那可能是德国啤酒。是新鲜柑橘味或是热带水果香气？那可能是使用美国酒花的美国啤酒。如果是水果与香料味的组合，有可能是比利时啤酒。闻到的是类似重烘焙的炭烧味吗？又或带点巧克力或咖啡的香气？那可能是英国的波特或世涛啤酒。

拿起来啜饮一小口，好吧，喝一大口也没关系。首先，感受一下舌尖与口腔里二氧化碳的跳动感，比尔森啤酒或小麦啤酒的气量通常会做得比较足，整体酒感显得轻盈而爽口，喝起来也倍感清凉。

二氧化碳气量越低的啤酒，倒出来的泡沫就越少（泡沫比例并非啤酒好不好喝的保证），但含气量低其实也不是什么坏事，就像英国啤酒的含气量普遍很低，倒出来往往没什么泡沫，因为在他们的观念中认为泡沫少，风味会更雅致，就像在静谧的时光中，优雅地邀请绅士或淑女共饮一般。

继续喝第二口。感受到那以麦芽风味为主的世界了吗？或是明显品尝到酒花的味道了吗？看看酒标上的酒精浓度，感受酒体在口中流动时的轻重：低酒精浓度的酒（酒精浓度<5%）喝起来很轻盈，描述起来就是酒液在口中会产生流动感；而高酒精浓度的酒（酒精浓度>7%）喝起来比较饱满厚重。酒精浓度越高，口感通常会越黏稠，甚至有种好像能咀嚼酒液的感觉。

　　苦味跟甜味之间平衡吗？因为苦味多半与甜味有互相抵消的效应，而酒精浓度越高的酒一般而言也会越甜，于是酿酒师通常会加重酒的苦味，让整体的口感与风味达到一定程度的平衡。

　　此时请稍微等待一下，让酒的尾韵慢慢浮现于口腔之中。苦味跑出来了吗？某些酒款就该有着这样的特性，比如波西米亚比尔森啤酒、印度淡色爱尔都应该残留明显的苦韵。感受到尾韵的甜味了吗？像是帝国世涛或苏格兰爱尔会表现出温和的麦芽甜润感。有明显的酒精味吗？低酒精浓度的酒如果感受到酒精味，这通常代表在发酵阶段发酵温度过高。若以高酒精浓度的酒而言，有些许的酒精味则是可以被接受的。

啤酒的适饮温度

　　"快，鸡汤要趁热喝，冷了就不好喝了。"鸡汤一端上桌，妈妈总是耳提面命地要我们赶快喝下暖呼呼营养丰富的汤品。但你是否曾想过，为什么鸡汤一定要热热地喝呢？鸡汤冷了就容易感觉到油腻，让人很不习惯。不知道大家有没有过喝室温下可乐的经验呢？气泡不但消得快（高温下，二氧化碳不容易溶入可乐中），喝一口……好甜！你开始怀疑可乐公司是否同时经营了制糖业，这室温下的可乐真是甜到不行。

　　难道这样的冷热温度差距，让鸡汤与可乐产生变化了吗？鸡汤热热的时候喝极其美味，边吹边喝，能感受到煲汤人满满的爱意，但等到鸡汤冷掉，油脂味就会浮现，这是因为我们舌头上的味蕾在温度很高的情况下不敏感，无法感受到全部的味道，于是油腻感消失了。相同的情况，可乐在冰凉的情况下好喝，是因为可乐公司是按照消费者习惯冰着喝可乐而设计的，他们很清楚舌头上的味蕾在低温下的感受力会大幅下降，于是在可乐中加入大量的糖，才能在冰凉状态下喝到适度的甜味。如果让可乐回温再喝，那舌头上的味蕾会识破这场诡计：原来可乐是这么甜的饮料。

　　鸡汤要热着喝，可乐要冰着喝，都是希望得到味觉上的平衡。类似地，不同的啤酒类型也各有其"平衡好喝的温度"。

　　有人会说"那些市面上常见的商业啤酒，全都提倡要冰冰地喝啊！"冰着喝、甚至是冰到手发抖的状况下喝这些啤酒，鼓励大家在炎热的天气下一口气喝完，这样除了能掩饰其风味的平淡，还能完美地搭配重口味的食物，或不易察觉因贮藏环境不良造成的风味缺陷（价格便宜的商业啤酒不一定都能有良好的贮存环境），并可以增加销量，完全就是满分的策略。

在我们了解到温度与味蕾之间的关系后，接着回到精酿啤酒的适饮温度。

在精酿啤酒世界里占有大块版图的爱尔型啤酒，它对品饮的温度十分敏感。具有浓厚水果酯香气的爱尔啤酒往往要稍稍回温后再喝，太冰的时候，味蕾不工作，爱尔的香气特性更是消弭得无影无踪，实在是可惜了酿酒师们的努力。同样属于爱尔世界的深色啤酒们，如波特啤酒、世涛啤酒与比利时高酒精浓度啤酒更需要适度的回温才能完整展现其风味。有些啤酒迷甚至喜欢在冬天常温下喝这些酒种，感受麦芽饱满的风味与酵母的香气。一般来说，低酒精浓度的拉格型啤酒适合冰一点再喝，才能让干净的麦芽风味、清爽的酒体与气泡达到完美的平衡。淡色的小麦啤酒则是盛夏的最佳饮品，冰凉地喝着调和小麦风味的口感，真的是棒极了的享受。

啤酒的品饮温度绝非定论，不妨试着倒出啤酒后，延长饮用的时间，仔细辨别味蕾在不同酒温下的实际感受，说不定就可以找到更适合自己的啤酒适饮温度。

以下列出一些典型啤酒风格与建议的适饮温度：

0~4℃

这么冰的啤酒实在很难喝到太多的风味。如果本身属于清淡系啤酒，也就是淡色、低酒精浓度的啤酒种类，不妨在冰透的温度下饮用，例如，原料中加入玉米或大米的商业拉格啤酒。

4~7℃

由于家用冰箱的冷藏库基本上是保持在4℃左右，从冰箱拿出来后直接饮用就会落在此温度区间。这样的温度适合很多类型的啤酒，像是比利时小麦啤酒、德国小麦啤酒、捷克比尔森啤酒与德国比尔森啤酒。

8～12℃

从冰箱拿出啤酒后，放置个10分钟再倒入杯子喝，就会落在此温度区间。由于温度上升，舌头上的味蕾感受能力增加，此时，爱尔型啤酒的浓郁果香就会逐渐展现开来，十足的香气，真是过瘾极了。这类的啤酒包含以美式酒花风味主导的啤酒、德式的深色小麦啤酒、淡色的比利时啤酒，甚至是呈琥珀色的维也纳拉格都很适合。

12～16℃

这个温度区间一般称为酒窖温度，此温度区间能够完整呈现出啤酒的风味。好的英系啤酒在此温度下喝起来酒体优雅平衡，麦芽香气涌现，此外，高酒精浓度的啤酒由于滋味丰富，也适合在温度高点来饮用。适合此温度的有英式啤酒、德国博克啤酒、比利时深色烈啤酒、帝国世涛啤酒、大麦酒、木桶陈酿啤酒。

但反过来思考，如果啤酒本身的风味贫乏或在酿造过程中出现了不良的风味，在此温度下也会原形毕露。

70℃

不要揉眼睛，你没看错！就是70℃！某些啤酒真的可以热热喝、快快喝（>^<）。如源自于德国的热啤酒有着满满的香料味（肉桂、丁香、香草等）与甜甜的尾韵，趁热饮用有种在喝香料麦芽饮品的感觉。另外，也有热樱桃啤酒，是香料与樱桃口味的组合，口感酸酸甜甜，令人惊奇。

自酿啤酒

　　到底什么是自酿啤酒呢？举凡在家中以家用设备酿造出来的啤酒皆属此范畴。自酿啤酒热潮在欧美早已风行数十年，而台湾也逐渐开放家中酿酒的合法性。只要不涉及贩售行为，在家酿造啤酒的数量少于100升即可（包含装瓶后的成品与发酵中的半成品）。

　　综观啤酒发展史，自酿啤酒对精酿啤酒的影响非常深远。以美国为例，自1979年开放在家酿酒后，终止了自1918年禁酒令颁布以来的限制，从1980年仅仅只有八家的精酿小啤酒厂，成长到2015年四千多家的规模。短短30年间，酿酒产业的兴盛程度，实在令人难以想象，这样的荣景可以归功于自酿啤酒的开放。只要家庭酿酒师具备酿造啤酒的能力与科学知识，将配方比例换算成酿酒厂的规格，就能将丰富多彩、充满创意的自酿啤酒商业化，因此自酿啤酒被视为精酿啤酒厂的精神根基所在。美国许多知名的精酿啤酒厂，其创办人大多是从自家小车库开始自酿啤酒，在家精熟酿酒技术后，进而商业化成就出一番大型酿造事业。

　　目前美国的精酿啤酒产业仍蓬勃发展，每年以两位数的成长率席卷北美，成为近几年经济不景气下，少数持续成长的产业，这也归功于众多自酿啤酒玩家支持当地的精酿啤酒厂，带动产业的增长。

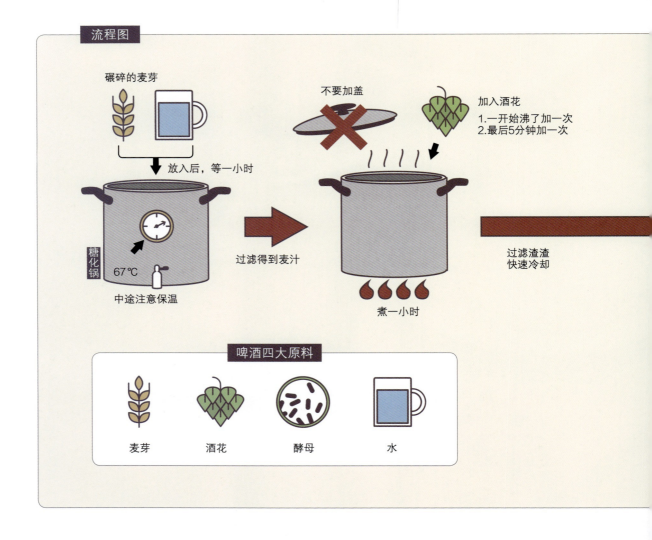

流程图

碾碎的麦芽

放入后，等一小时

糖化锅

67℃

中途注意保温

过滤得到麦汁

不要加盖

加入酒花
1.一开始沸了加一次
2.最后5分钟加一次

煮一小时

过滤渣渣
快速冷却

啤酒四大原料

麦芽　　酒花　　酵母　　水

自酿啤酒的流程

    在家自酿啤酒的流程原理与商业酒厂是一样的，基本上就是使用啤酒酿造的四大原料：麦芽、酵母、酒花与水。经过数个过程：糖化、煮沸、冷却、发酵、装瓶，这前后的过程需要数个星期，之后就能做出一瓶瓶的啤酒。

    流程图简述了自酿啤酒的流程，让大家可以对于在家酿啤酒有简单直接的认识。

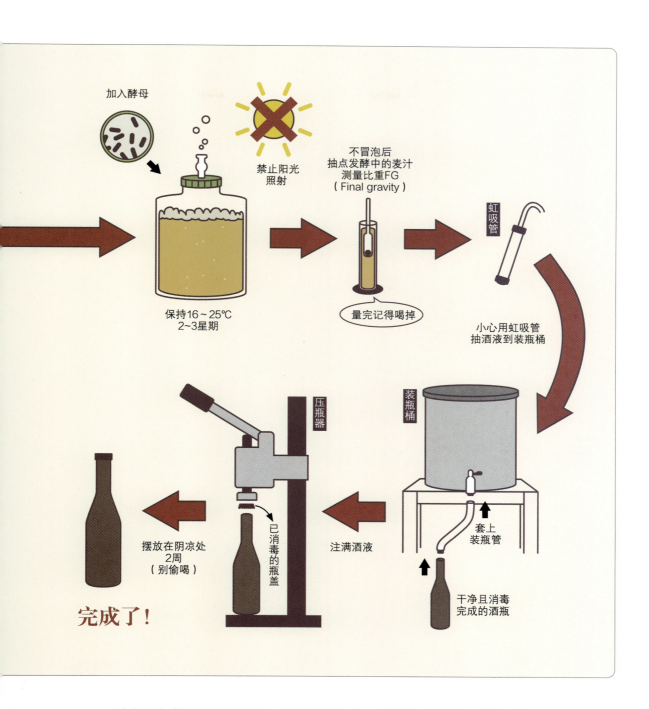

加入酵母

禁止阳光
照射

不冒泡后
抽点发酵中的麦汁
测量比重FG
（Final gravity）

虹吸管

保持16~25℃
2~3星期

量完记得喝掉

小心用虹吸管
抽酒液到装瓶桶

压瓶器

装瓶桶

已消毒的瓶盖

套上
装瓶管

摆放在阴凉处
2周
（别偷喝）

注满酒液

干净且消毒
完成的酒瓶

完成了！

看完了在家酿酒的流程后，接着让我们来一步步认识酿酒所需要的原料。

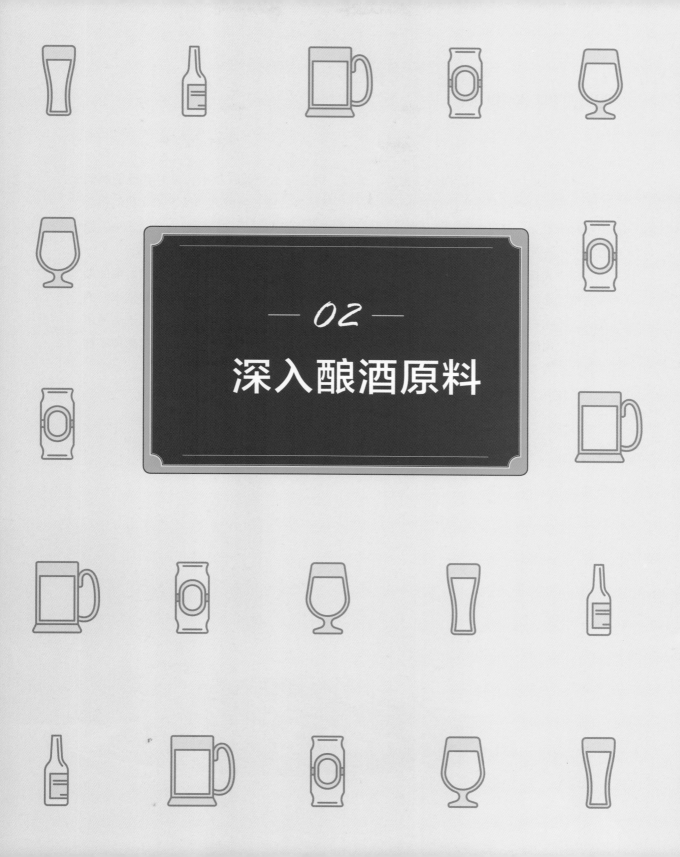

02

深入酿酒原料

啤酒四大原料

　　啤酒是由四大原料所构成：麦芽、酵母、酒花与水。数百年来，世界各地的酿酒师凭借着这四种原料酿造出颜色各异，香气与风味各有擅长的啤酒。接下来，我们将会一一介绍麦芽、酵母与酒花，水的介绍则散落在各章节与最后的酿酒配方介绍之中，原因在于水质对于啤酒的影响是隐性的，基本上，只要水没有怪味都可以拿来酿酒。

　　我个人认为最佳的酿造用水是自来水，切勿对特殊的山泉水与矿泉水有太多的期待，相反地，在我品尝过的数以百计不同朋友酿过的自酿啤酒中，强调使用特别水质的啤酒，往往在风味上却显得平淡无奇，甚至有不良风味产生。如果家中的自来水品质不佳，请使用简单的过滤设备来酿酒，RO（Reverse osmosis，反渗透）水由于过滤掉矿物质，并不适合拿来作为酿造用水，除非你有精准计算水质添加剂的能力。

麦芽

　　麦芽又被称作"啤酒的灵魂"（The soul of beer），这是因为四大啤酒原料中只有麦芽能影响成品的每个方面，包含：颜色、香气、酒体、平衡感以及尾韵。一杯啤酒的所有特征都看得到麦芽的影子。

　　试着想象数百年前的酿酒师若要酿啤酒，必须先从种植大麦开始，收成后让大麦发芽，再将其烘焙干燥后用于酿造啤酒。如果这次酿出来的啤酒颜色太浅、味道太淡，下次会加强烤麦芽的火力与延长烘焙的时间，以加重啤酒的风味与颜色；相反地，如果觉得这次啤酒颜色太黑、焦苦味太重，则下回烘烤麦芽时使用的麦秆、树枝与烘焙时间都会减少。这是因为调整麦芽，就能调整啤酒的主要风味走向，因此，所有的啤酒配方几乎都是先考虑要使用哪些麦芽种类，再来选择酵母与酒花的搭配。但味觉是很奇妙的感官，在味道太轻与太重之间能产生数以百计的组合，这也就是为什么到了今日光是酿酒的麦芽种类就有数十种：从色泽最浅的比尔森麦芽到极深的烘烤大麦，更遑论不同工厂烘焙麦芽的技法与思维逻辑各有不同。

　　在开始介绍麦芽风味前，我们先来认识一下与麦芽相关的基本名词。酿啤酒使用的主原料并不是大麦（Barley），而是麦芽（Malt）喔！麦芽是指发了芽的大麦，经过了这个程序才能拿来酿造啤酒，没有发芽的大麦是不能拿来酿酒的。为什么一定要先发过芽呢？让我们开始娓娓道来这其中的奥妙之处。

一场春天的骗局

　　大麦带着充足的淀粉储存在白色的内仁中，留待日后发芽时使用，这是自然界中效率极高的能源储存方式。大麦在温暖潮湿的春天来临后，自身会开始发芽并产生糖化酶（Diastatic enzymes）来转化储存于麦子中的淀粉，使其成为短链的糖分，来供给细胞成长所需的能源，并提供给接下来的植株作为成长之用。

　　早期的酿酒师并不懂得这些原理，但他们很清楚麦子一定要先发了芽才能拿来酿酒，并聪明地归纳出在发芽后，把麦芽烤干来中止发芽程序以延长保存时间，留待日后再来使用的方法。就这样人类开始种植大麦，开始借由人为的手法来欺骗大麦发芽，并经由经验的累积来归纳出正确的贮存与使用方法，人类的酿酒文明就这样不断地向前迈进。

　　现代麦芽厂同样也在做一样的事情。在大麦开始发芽后会根据经验与科学分析，评估出酶与淀粉的最优化程度来决定终止发芽的时间点，要知道发芽过头会损耗麦子中的淀粉，造成徒长麦根；发芽不足则无法产生足够的糖化酶，这对日后酿酒会产生糖化不全的影响。当确定了终止发芽时机后，麦芽厂借由干燥整株麦子的程序来让麦子细胞死亡，并留下对于酿酒有帮助的糖化酶与麦仁中的淀粉，在发芽过程长出的麦根也会因干燥而被去除。待干燥完成，麦芽厂会调整烘焙的温度、时间，让麦芽呈现不同的烘焙程度以取得不同的风味。

认识麦芽的风味

　　于是我们得知酿酒的第一步得要先挑选麦芽，虽然麦芽的种类多到令人眼花缭乱，但只要把握好选择的技巧，多了解不同麦芽的风味走向，想选出适合自己口味的麦芽还是有迹可循的。

　　在探讨麦芽的味道之前，让我们先来了解在麦芽烘焙过程中影响风味的两大关键因素：美拉德反应（Maillard reaction）与焦糖化反应（Caramelization）。

美拉德反应
（Maillard reaction，氨基酸与糖类的反应）

　　美拉德反应是指食物从加热到烧焦之前，会逐步加深颜色并产生一股令人垂涎三尺的香气，这是由于美拉德反应会产生许多芳香类化合物并影响成色，让人有饼干、吐司边、烘烤面包香气的联想。这是煎牛排香气与表面褐色色泽的由来、烤饼干时会满室生香的原因，美拉德反应的魔力渗透在我们日常生活中，这是现代食品工业与烘焙业的基石。

　　麦芽在经过烘焙的过程中，自然会有大量的美拉德反应参与其中，不同的烘焙温度让麦芽产生不同的颜色与风味，让酿酒师们着迷于麦芽世界之中而眷恋不已。

焦糖化反应
（Caramelization，糖的氧化与褐变）

　　焦糖化反应是糖与糖之间因脱水而产生的变化，它发生在相对高温与低水分的状态下，因糖分在受热脱水之后熔化而产生颜色加深、香气变化的过程。焦糖化反应会产生焦糖的甜香这股太妃糖般的香味，并同时改变颜色，也产生了其他芳香性的物质（如甲基环戊烯醇酮、麦芽糖醇、呋喃类等化合物）。焦糖化反应大幅影响了焦糖麦芽的制作，不同的烘焙温度让焦糖麦芽其中的糖分带来迷人的糖类香气，这是酿酒师在麦芽选择上的一大关键决定因素，使用量虽然不多（至多15%），但却可以为啤酒带来风味、甜味与酒体的改变。

麦芽的种类

因为烘焙的温度与方法不同，美拉德反应与焦糖化反应交杂其中，麦芽大致可分为下列四类：基础麦芽、特殊麦芽、焦糖麦芽与深色麦芽。

基础麦芽

每当酿酒师提到麦芽（Malt）时大多是指大麦芽（Malted barley），但若是以基础麦芽的分类来看，所谓的小麦芽（Wheat malt）、裸麦芽（Rye malt）与燕麦芽（Oat malt）都包含在其中。基础麦芽顾名思义是构成麦芽配方的基石，通常以最大比例被使用，基础麦芽也是麦汁中糖类的最主要提供者。其中的糖化酶在低温干燥的过程中，会被完整保留下来，这使得基础麦芽除了能分解自身的淀粉外，还能帮助糖化分解其他特殊麦芽或是未发芽谷物内的淀粉。代表性的麦芽种类如下：

- 比尔森麦芽
- 小麦芽
- 大麦芽
- 裸麦芽

比尔森麦芽（Pilsner malt）是颜色最浅的麦芽种类，其命名的缘由来自于世界第一款的金黄色淡色啤酒；波西米亚比尔森啤酒Bohemian pilsner（公元1842年），这名字也同时代表这款啤酒的发源地：捷克的比尔森市。

比尔森麦芽与大麦芽是最被大量使用的基础麦芽，它们两个的品种往往相同，差别只在于烘焙得浅（比尔森麦芽）与稍深（大麦芽），但出入极微。由于风味与颜色接近，常常会拿来互相取代。基础麦芽在不同国家、不同麦芽厂的风味还是有些许不同之处，让我们来讨论其差异所在。

啤酒的色度单位 Lovibond

啤酒的世界里有很多专业术语，常常让人摸不着头绪。其实只要多看多学，很容易就记得起来。大多数的麦芽名称之后基本都会标上一个色度单位L或°L，其实这就是Lovibond色度单位的缩写。以麦芽为例，最浅色的麦芽为比尔森麦芽，色度大约是1.5°L，烘焙最深的黑色麦芽，色度大约是550°L。

Lovibond这一色度单位是由英国酿酒师Joseph Lovibond于公元1885年制定出来的，并因此还成立了一家公司专门生产Lovibond色度测定仪器，Lovibond广泛地被使用于啤酒、威士忌、糖与麦芽等产品的色泽单位计量。除了Lovibond这一标准，还有Standard Reference Method（SRM）与European Brewery Convention（EBC）两种色泽单位。但对于家庭酿酒来说，使用°L这种色泽单位已很足够，SRM与Lovibond可以使用以下公式换算，但因数值十分接近，在啤酒界中也有人将其视为相等的值来使用：

$$SRM = 1.3456x \ °L - 0.76$$

而EBC这种色度单位在欧洲比较通行，基本上，它大概是Lovibond的两倍，举例来说，60°L可换算为118EBC。如果向欧洲的原料商购买麦芽，而对方只告诉你该麦芽色度是60的话，请记得询问以确认是使用哪种色度单位。

依啤酒类型来对照的色度单位

Lovibond （约略相等于SRM）	啤酒风格	啤酒色泽	EBC
2	淡色拉格啤酒、比利时小麦啤酒、比尔森啤酒、柏林小麦啤酒		4
3	金黄啤酒		6
4	德国小麦啤酒		8
6	美式淡色爱尔、印度淡色爱尔		12
8	比利时农夫啤酒		16
10	英式苦啤酒、英式ESB		20
13	双倍印度淡色爱尔		26
17	深色拉格啤酒、维也纳拉格啤酒、德国三月啤酒		33
20	棕色爱尔、德国烈啤酒、德国深色啤酒、德国深色小麦啤酒		39
24	爱尔兰黑啤酒、德国双倍烈啤酒、波特啤酒		47
29	英式世涛啤酒		57
35	出口型世涛啤酒、波罗的海波特啤酒		69
40+	帝国世涛啤酒		79

🍂 美国二棱麦芽
1~2°L

属于很清爽干净的麦芽风格，在低酒精度（<6%）的酿造配方中，最容易彰显其他原料的特性，与拿来酿造美系的重酒花啤酒是天生一对。由于麦芽风格十分清爽干净，拿来酿造不以麦芽为主角的高酒精浓度啤酒（6%~10%）也很合适，高浓度的麦汁中，不会有过于强烈的麦芽风味。

如果从啤酒风格的特性来回望麦芽，由于美系啤酒惯以酒花的艳丽香气作为主角，于是美国的麦芽风味上总是比较偏向中性：在做出稳固的酒体支撑之余却不过度展现麦芽风格，才能让酒花的美完全展露。这里隐隐显露美国麦芽的中性制麦哲学。

🍂 比利时比尔森麦芽
1~2°L

比尔森麦芽在欧洲是颜色最浅、低蛋白质、一般认为相对高品质、二棱麦芽的代名词。欧洲大陆的大麦品种天生具有比较低的蛋白质含量（9%~11%，而美国的六棱麦芽约为13%），这对酿造来说可是好事。在酿酒时，比尔森麦芽可与烘焙得稍深一点的大麦芽直接替换，差别只在于大麦芽会多带来一些烘焙麦芽味。比利时的各式麦芽风味，相对于其他国家的麦芽来得清淡保守，或许这跟比利时的啤酒类型基本都不以麦芽风味为主角，反而以鲜明的酵母香气与添加物风味来贯穿整支啤酒有关。因此，比利时麦芽风味上的清淡内敛、不抢戏变得很重要，这与美国麦芽的情形有异曲同工之妙。由此也可看到一个地方的原料制作哲学，往往与其流行的啤酒风格有关系。

英国大麦芽
3～4°L

当任何配方里提及使用英国大麦芽时，往往代表这配方使用某一种英国麦芽品种，例如Maris Otter、Pearl、Optic、Halcyon与Golden Promise。不同的英国麦芽品种都有着不同的淀粉比例，风味上也有所差异，这里就先略过不谈，因为英国麦芽在台湾实在是非常少见，而其风味表现不单只与品种有关，我认为麦芽烘焙的影响更大。在众多的英国麦芽品种中以Maris Otter最为出名，很多人认为此种麦芽有着最显著的英式风味，即明显的核果仁与饼干风味，这既定印象造就了Maris Otter这种麦芽品种的高知名度。

但是，能增加核果仁与饼干香气的麦芽是不是放越多越好？这点还是取决于你想酿出什么样的酒。如果是用在英式苦啤酒上，由于这类苦啤酒的酒精度低，适度的核果仁饼干风味会成为啤酒中迷人的亮点。若是酿清淡风格的德国科隆啤酒、捷克比尔森啤酒或是比利时小麦啤酒上，过多的英式麦芽风味会混淆该酒种的主题，反而成为缺点。

美国六棱麦芽
1～2°L

美国六棱麦芽风味的特性与美国二棱麦芽很接近，但六棱麦芽却同时有着天使与魔鬼的正反两面性：天使的一面在于美国六棱麦芽拥有较多的糖化酶，能帮助麦芽配方中其他未发芽谷物内淀粉的糖化，而其较多的麦壳结构也能提高过滤速度；而魔鬼的部分则在于六棱麦芽有着较高比例的蛋白质含量（约13%）与更多的麦壳结构，这两种特性容易导致啤酒浑浊或溶出过多的麦壳味。

但一件事情的好坏往往根据使用的方式而有所不同。由于大型商业酿造酒厂在酿造商业啤酒时，经常会加入玉米或大米来替换麦芽以降低成本，而这个做法搭配上六棱麦芽却恰恰好完美：玉米与大米的蛋白质比较少，于是六棱麦芽容易造成的浑浊情况改善了；玉米与大米自身并无糖化酶与麦壳结构，因此，六棱麦芽的高糖化酶与麦壳优势便与其做到了互补。从这个角度来看，六棱麦芽与大型商业酿酒还真是有密不可分的关系。一般来说家庭酿酒师由于不会使用玉米与大米来酿酒（想酿这种酒？路口转角的便利商店架上的商业啤酒大多都属于这种啤酒），甚少会使用到六棱大麦芽。

德国比尔森麦芽
1~2°L

比尔森麦芽原意是比尔森啤酒所使用的麦芽，由于其颜色呈现金黄色，拥有极浅的外观，后来比尔森麦芽遂衍生成最浅色麦芽的代名词。有趣的是，德国产的麦芽都具有麦芽味丰厚且带着相对甜香的特性，很多人认为这跟德国的《啤酒纯酿法》有直接的关系：德国的《啤酒纯酿法》限制了当地拉格型啤酒的酿造方式，在单纯的原料使用下，原料本身的风味变得非常重要，因此德国麦芽本身的麦芽味都烘焙得偏向丰厚饱满，带出点小时候喝的饮品好立克的感觉（与英国麦芽的核果仁味不太相同）。这跟美国与比利时麦芽强调清淡中性风味的制麦哲学有很大的差异。

小麦芽

1.8~2.3°L

小麦芽会替啤酒带来些许的谷物风味、清爽的酒体与口腔包覆感，其高蛋白质含量会造成啤酒的浑浊外观（Haze），这也是一大特色。很多啤酒类型会视外观浑浊为大敌，但唯独小麦啤酒把这种白白浊浊的外观视为必要的特征，啤酒迷若是看到清澈透明的小麦啤酒可能还会觉得不太适应。另外高蛋白含量对于啤酒泡沫（酒帽）的维持也有帮助。由于小麦并没有所谓的麦壳结构，于是在糖化过程中若想依赖麦壳形成的过滤层，在小麦身上是无法做到的，这也是为什么当使用高比例的小麦芽（>30%）时，特别容易发生糖化过滤阻塞的情形，解决的方式则是在糖化锅中加入稻壳一起糖化，让稻壳替代麦壳形成过滤层（但需注意要找干净的稻壳才能使用喔）。

小麦芽与生小麦（未发芽的小麦）不同，小麦芽发芽的程序与大麦芽无异，发芽的过程中也会产生糖化酶，理论上使用100%的小麦芽来进行糖化是可行的，只要解决过滤问题即可。一般来说，比利时小麦啤酒会用到30%~50%的生小麦，而德国小麦啤酒则会用到50%~70%的小麦芽。

裸麦芽

2~5°L

一般认为裸麦会为啤酒带来香料或类似黑胡椒般的香气，但实验结果证明裸麦对于口感上的影响会比香气要来得大。裸麦可以让口感变得柔滑，酒体变得饱满，有点类似燕麦在啤酒酒体上的影响。一般来说，裸麦芽在啤酒配方中的比例不会超过15%，当然要用更高比例的裸麦芽也是可行的，只是相对少见。

 德国的《啤酒纯酿法》于1516年由当时巴伐利亚联邦所颁布，规定啤酒的酿造只能使用大麦芽、酒花与水，由于当时尚未发现酵母的存在，所以并未提及。《啤酒纯酿法》除了是消费者保护法令，更与当时政府的税收有关，对于数百年来德国啤酒酿造有着绝对的影响力。

烘干麦芽

　　相对于基础麦芽，所谓的烘干麦芽是指烘焙麦芽时所使用的温度较高，较高的温度将导致美拉德反应更加明显，因而这类麦芽看起来颜色会比基础麦芽来得深，也由于美拉德反应的影响，烘干麦芽会有更明显的饼干与面包烘焙香气。其中，维也纳麦芽与慕尼黑麦芽的烘焙温度较低且时间较短，仍保存着部分糖化酶的能力，足以分解自身麦子中的淀粉，烘焙到更深程度的麦芽则会丧失酶功能。代表性的麦芽种类如下：

· 维也纳麦芽
　　仍有糖化酶能力

· 慕尼黑麦芽
　　仍有糖化酶能力

· 香麦芽（20°L）

· 饼干麦芽（25°L）

· 蛋白黑素麦芽（28°L）

· 棕色麦芽（70°L）

维也纳麦芽　4°L

维也纳麦芽较比尔森麦芽／大麦芽颜色稍深，与啤酒类型中的维也纳拉格有直接的关系，但并非代表这是维也纳地区产的麦芽。因此这种麦芽仍具有糖化酶能力，使用100%维也纳麦芽来酿酒也是可行的。这种麦芽会带来相对比尔森啤酒再深一些的颜色，使用100%维也纳麦芽所酿出的酒，会展现出深金黄色的外观以及稍重的麦芽风味。

香麦芽　20°L

香麦芽烘烤的程度更甚于慕尼黑麦芽，由于烘焙温度更高，糖化酶已经被高温破坏殆尽，此时麦芽已经完全丧失了分解淀粉的能力，必须依赖基础麦芽中的酶才能完成糖化过程。也有人称香麦芽为"超级慕尼黑Super Munich"，从这个昵称不难想象香麦芽能带来更浓重的麦芽味，只要5%～10%的使用量就可以提升整体配方风味上的丰富、多变性与麦芽香气。

饼干麦芽　25°L

吃过速食店的饼干吗？这种不经发酵，直接以小苏打或泡打粉来产生膨松效果的面饼，能单纯呈现出经美拉德反应所产生的面粉气味。饼干麦芽这一名称也来自于类似的风味走向：饼干味、烤面包香气与核果仁味的综合体。类似的麦芽在不同的国家中有不同的名字，例如饼干麦芽（比利时）、琥珀麦芽（英国）、维克多麦芽（美国）。只要添加5%～10%，就能提升整体风味的层次感。

棕色麦芽　70°L

棕色麦芽是英国麦芽厂才供应的麦芽种类，从颜色上来看，属于深烘焙，拨开麦芽可以看到内部的麦仁已经呈现浅棕色，代表美拉德反应的风味占了主导地位。棕色麦芽被视为英国深色啤酒波特/世涛中浓厚核果仁风味的来源。在台湾这种麦芽很难购得，但我们可以在家自制棕色麦芽，详情请参见正文50页"烘焙属于你的棕色麦芽"。棕色麦芽通常最多可以在配方中使用到30%。

🌱 慕尼黑麦芽　6～8°L

　　慕尼黑麦芽比维也纳麦芽烘焙得更深一些，若以100%的慕尼黑麦芽来酿造时，啤酒的颜色是浅琥珀色，并且具有更重的麦芽味。慕尼黑麦芽这个名字，并非指这是德国慕尼黑（Munich）地区产的麦芽，这里指的是某种麦芽烘焙的深浅度，与维也纳麦芽的情况相同。值得一提的是，当提到所谓的麦芽味时，其判别的基准点就是慕尼黑麦芽的味道，下次不妨拿几粒慕尼黑麦芽在口中咀嚼，感受一下并记住这个味道。

　　因为慕尼黑麦芽中仍保留部分的酶活性，勉强能自行分解淀粉，因此，还是能以100%的慕尼黑麦芽来酿啤酒，但当全部使用此款麦芽酿酒时，很容易会觉得麦芽味过重，并不是那么讨喜。一般来说，很多啤酒配方中会运用10%上下的慕尼黑麦芽来丰富整体风味。但对于传统的德国啤酒比如德国老啤酒、慕尼黑深色啤酒或是德国博克来说，慕尼黑麦芽不仅是必需的原料，还会通过加重其比例来达到酿酒师期待的风味。

🌱 蛋白黑素麦芽　28°L

　　蛋白黑素麦芽最著名的特征是号称可以不必耗时费力进行熬煮糖化便能模拟出"熬煮糖化法（Decoction mash）"的风味，让现代的酿酒师能直接获得类似经由美拉德反应所带来的风味，可也有酿酒师认为两者在风味上还是有所差距。基本上，蛋白黑素麦芽的风味很类似香麦芽，但没有那么集中与浓烈，还有着较深的烘焙着色外观。

焦糖麦芽

　　焦糖麦芽的制作很有趣，是从一颗颗麦子开始着手，麦芽厂会先让麦芽充分湿润，之后把湿麦芽加热保持在60~70℃的糖化区间，让麦芽中的酶开始分解淀粉［所以有人会以"炖煮（Strew）"来形容此一过程］，等到整颗麦子中的淀粉都已被糖化酶分解为糖，此时再提高温度进行烘焙，高温使得麦子中的整块糖超过熔点（以蔗糖为例，熔点是186℃）后开始了焦糖化反应，借由不同的烘焙温度可以产生不同颜色、不同味道的焦糖麦芽。

　　焦糖化过程会让在麦芽中的糖分裂解再重新聚合，成为无法被酵母菌分解的型式，所以当配方中使用了焦糖麦芽，其焦糖结晶会在发酵后存留于酒中，让啤酒喝起来比较甜。除了焦糖化反应，美拉德反应同样参与其中并贡献了较深的颜色与不同层次的香气。特别的是，焦糖麦芽中的糖分在经过焦糖化后会呈现出发亮的结晶状态，因此，焦糖麦芽也被称为"水晶麦芽"。下次不妨拿几颗深色点的水晶麦芽来玩玩，只要将其对折剥开，就可以发现亮亮的结晶状糖粒。

　　一般来说，浅色的焦糖麦芽会带来淡淡的蜂蜜香味，深色的焦糖麦芽则带来相对明显的焦糖香、太妃糖风味。深色的焦糖麦芽除了前面提及的这些味道外，还会带来类似葡萄干、深色果干的香气联想。代表性的麦芽种类如下：

· 焦糖麦芽（15°L）

· 维也纳焦糖麦芽（20°L）

· 焦糖麦芽（40°L）

· 焦糖麦芽（80°L）

· 焦糖麦芽（120°L）

· 特种B级麦芽（120°L）

🌰 浅烘焙焦糖麦芽　10~30°L

浅色的焦糖麦芽其实并没有太多焦糖味，它除了让啤酒披上一层淡金色的外衣，并不会增加过多的啤酒尾韵甜味，如果过分期待这些走向的人可能会感到些许失望。但事实上，浅焦糖麦芽对啤酒的影响是隐性的，隐隐地在整体麦芽配方的背后支撑着，增添了酒体的厚重感，却不产生明显的甜味，增加了香气的深度，却不是焦糖香。在许多浅色啤酒类型的配方中，浅焦糖麦芽是不可或缺的配角。

🌰 中烘焙焦糖麦芽　40~80°L

在这个类别中的焦糖麦芽开始出现大家对于"焦糖"这两个字的预期风味，其焦糖味在色度60°L与5%~10%的用量下变得尤为鲜明。焦糖味字面上乍看怡人，但配方的陷阱却也出现在此：过多的用量不会让酒变成焦糖玛奇朵或布丁的焦糖层，却会让整支酒呈现出感冒糖浆的滋味，将你的心血化为苦痛。相信我，一整批的"感冒糖浆"啤酒要喝很久才能喝得完。

再者，并非所有的啤酒配方都需要焦糖味，胡乱运用，反而会让你酿好的酒偏离原本啤酒风格规范中该有的位置。

🌰 深烘焙焦糖麦芽　120~160°L

在焦糖麦芽的制作过程中，若把烘焙温度拉高再延长时间，做足焦糖化反应，就能得到颜色极深的焦糖麦芽。而这种深色焦糖麦芽会带有明显的太妃糖甚至微微接近糖烧焦的风味。在使用这种深烘焙焦糖麦时要特别小心分量，5%的使用量就会对酒产生明显的改变，千万不要加太多，它并不会让啤酒变成香甜可口的太妃糖气泡饮，结果绝对会让你想直捶心肝。

此类型中很值得一提的是"特种B级麦芽"，其色度为120°L左右，属于比利时特有的麦芽种类，带有明显的葡萄干、深色果干气味，甚至会联想到一点雪莉酒香气的感觉，被广泛使用在比利时深色的高酒精浓度啤酒（酒精度大于6.5%）中。这种麦芽会让整支酒染上比利时啤酒的特性，如果不是要制作比利时啤酒就不要使用这种麦芽。同样地，特种B级麦芽一样用量不要太多，5%足以让风味饱和，如果你买了一整袋的特种B级麦芽，绝对会感受到囤货与占地方的痛苦，因为接下来的几年，你都会一直看到它。

烘烤麦芽

　　将发芽完成的大麦芽完整干燥后,再继续提高温度以高温烘焙,这样的麦芽基本上并没有发生焦糖化现象(因为没有经过焦糖麦芽的处理过程),反倒会因高温下美拉德反应的味道而形成其风味的主轴。这些经高温烘焙出来的麦芽会产生明显的可可、巧克力香气,烘得深且久的麦芽甚至会产生类似深焙咖啡豆般的焦香与苦味,而且有部分啤酒类型非得使用这些深色麦芽才能尽显风味。要注意,当使用这类型的麦芽时,其用量只需要少少的几个百分比,便能大幅影响啤酒的颜色与气味走向。代表性的麦芽种类如下:

·巧克力麦芽(350°L)
·焙烤特种麦芽(430°L)
·烘烤大麦(500°L)
·黑色麦芽(525°L)

🫘 巧克力麦芽　350°L

　　巧克力麦芽大概是所有深色麦芽中最为出名的，或许是名字取得好的关系，这款麦芽总让人产生跃跃欲试的想法。巧克力麦芽因经过深烘焙后，产生出近似巧克力的香气而得名，除了香气，巧克力麦芽对颜色影响也很大，3%～7%的比例就足以制作出深不透光的黑啤酒。巧克力麦芽在影响颜色之余，并不会让啤酒染上过多的烧焦味。这种麦芽从棕色爱尔啤酒到黑啤酒都会添加，算是用途最广泛的深色麦芽，用量上以<10%为目标。但由于不同国家麦芽厂所生产的巧克力麦芽多有不同，多方尝试并逐一调整使用比例是唯一的途径。

🫘 焙烤特种麦芽　430°L

　　焙烤特种麦芽是德国麦芽厂Weyermann所生产的特殊深色麦芽，虽然烘焙的程度比巧克力麦芽更重，颜色也更深，但不容易产生苦涩味，反而可带来精纯的深色麦芽重烘焙香气。建议使用量在2%～3%，对于颜色与风味就很足够了。

关于黑麦啤酒的误解

　　很多人听到"黑麦"啤酒，都认为这世界上真的有一种麦芽品种称为"黑麦"，而以100%黑麦芽制作的啤酒就称为黑麦啤酒，事实上这完全是一场误会。

　　所谓的黑麦啤酒在台湾往往泛指深色的啤酒，但在深色啤酒的酿造中，其麦芽配方基本上是3%～10%的深色麦芽，其余部分则使用浅色大麦芽，在这边深色麦芽并非品种，而是烘焙到深黑的大麦芽（或是小麦或裸麦，但相对少人使用），所以深色啤酒的绝大部分麦芽组成还是浅色的大麦芽，而非深色麦芽。

　　另外，传统上将裸麦Rye翻译成"黑麦"，但我认为这是便宜行事的翻译沿袭，实际上裸麦并不代表一定颜色比较深黑，裸麦这种品种与颜色并没有直接关系，不仅裸麦等于黑麦的翻译名词并不合理，也容易造成误导。

🟢 烘烤大麦　500°L

烘焙大麦是深色麦芽中的特殊分子，因为它并不是由"麦芽"烘焙而成，而是采用"未发芽的大麦"制作出来的。烘烤大麦与其他类似烘焙色度的深色麦芽多出了一种特殊的锐利感——直接而强烈，仿佛带着锐角般的重烘焙风味与几乎到达烧焦边缘的味道。传统上这种麦芽多被用在爱尔兰的世涛中，最有名的就是健力士（Guinness）黑啤酒。在家酿酒使用量2%～3%就很足够，加太多的话……莫非是想来一杯充满强烈炭烧风味的气泡饮？

🟢 黑色麦芽　525°L

黑色麦芽已经把麦芽烘到焦黑的程度，在此类别中，不同麦芽厂制作的黑色麦芽差异性很大，并带来浓厚的黑巧克力风味与强烈的焦香气。使用恰当的话，能提出丰富比例的宛如黑咖啡的风味层次，但请记得永远从保守的比例开始加起，如有不足，再逐步增加。只要2%～3%的比例，就能彻底改变一杯啤酒。

深色麦芽的使用方法

深色麦芽的特点就在于经高温烘烤的过程中破坏了麦芽里的糖化酶，并产生了可发酵糖，因此，这些麦芽不需要被糖化，光是浸泡就足以释放出其中的香味与糖分了。另外，在重烘焙的过程中还会产生酸味，这也会使得麦芽的pH下降。同时因为高温产生的美拉德反应，让麦芽依烘焙的深浅程度而有不同的苦味，这些味道上的特性只要直接吃几颗深色麦芽就能够明白。

因此，我们可以把深色麦芽当成咖啡豆（粉），不管是把它丢进去糖化或者是在洒水洗糟（Sparge）的阶段加入，溶出的各种物质都会跟咖啡豆（粉）一样，浸泡越久，酸味与苦味就会越明显。下面我们就来讨论一下在不同阶段加入深色麦芽所造成的影响。

于糖化时加入

许多人把深色麦芽与其他麦子放在一起糖化60~90分钟以生成较多的酸味与苦味，但在某些情形下，这样也会产生涩味。不妨试想一下一杯浸泡了90分钟后的咖啡会变成什么样的味道？但在糖化阶段加入深色麦芽也有其优点，由于深色麦芽偏酸性，此特性在所使用的水质偏硬时扮演着降低pH的重要角色（例如，南德慕尼黑附近的重碳酸盐水质），当pH降低后（糖化时的理想pH=5.2 ~ 5.4），就可减少单宁自麦壳里的溶出，这可以增加糖化的效果与降低啤酒中不令人喜欢的涩味。

在糖化回流时加入

糖化回流（Vorlauf）指的是在糖化结束时要开始过滤出麦汁，或于洒水洗糟时，将一开始流出的麦汁倒回糖化桶里的这个动作。一般来讲，刚开始流出来的麦汁因为含有较多的麦渣而显得浑浊，可在开始洗糟时加入碾碎的深色麦芽，并持续回流麦汁。

这种方式的好处是降低了浸泡深色麦芽的时间，所以能降低长时间浸泡所带来的酸味与苦味，糖化回流时间的浸泡，就已经足以萃取深色麦芽的颜色与风味了。

另行浸泡深色麦芽

拿出另一个锅子装水浸泡深色麦芽，以溶解出风味。然后在麦汁煮沸后，再把这些浸泡过深色麦芽的液体加入麦汁中。浸泡之前，深色麦芽可像咖啡豆一样先行碾细以增进萃取效率，再依照我们想要的结果来调整水量、浸泡时间以及浸泡温度。

在自酿啤酒书籍《Brewing Better Beer》中，作者建议浸泡深色麦芽的麦水比例为"500g麦子：2升水"，并介绍了以下三种不同的浸泡方式：

🔸 热泡

如同泡咖啡般，将碾碎后的深色麦芽浸泡在74℃的热水里5~10分钟（先尝一下味道，再依个人喜好调整时间），然后使用滤网或滤袋过滤出液体，待冷却后加入发酵前的麦汁里。

🔸 冷泡

以冷泡茶的方式，将碾碎后的深色麦芽放入常温水里浸泡一天或者更长的时间。冷泡法与热泡法相比，冷泡所得到的香味较淡，另外，为了避免可能的感染，最好在放入麦子之前先把水煮沸消毒过再放凉。过滤出来的液体也建议进行巴式杀菌，以降低直接加入发酵桶内可能导致的污染风险。

注：巴氏杀菌法是指将过滤后的深色麦芽汁加热至77℃，并维持10分钟的加热时间以进行杀菌。

🔸 煮沸

直接在煮沸结束前把碾碎的深色麦芽放入煮沸锅中（关火前5~10分钟），或者另外煮一锅热水来单独煮麦芽5~10分钟，再与煮沸结束的麦汁混合即可。这种方式的基础是某些深色麦芽不需要被糖化，因此可以在发酵前的任何时间点加入，使用浸泡法的酸味与涩味较淡、颜色较浅，并提供了较为弹性及精准的方法来控制啤酒的香味及颜色。

烘焙属于你的棕色麦芽

现今麦芽厂的烘焙技术已经很成熟，虽然德国、比利时、英国与美国麦芽厂彼此的烘焙哲学各异，但出自同一间麦芽厂的麦芽产品都很稳定，尤其是制作困难度较高的焦糖麦芽与深色麦芽，都能在不同批次间保有相当类似的品质。"品质稳定"这个要求看似容易，却是许多商业酒厂在耗费大量人力与物力后才能勉强保有的成果，然而，品质起起伏伏、造成失败的案例也时有耳闻。

由于自酿的设备简单，温度控制与设备稳定度都差商业设备一大截，进阶自酿者的试炼门槛也在此：你能成功复制出之前配方的结果吗（重复污染那可不算喔）？困难点在于若之前在家里曾酿出一批美味的啤酒，但之后再怎么酿，却酿不出相同的风味，这代表在整个酿酒过程中一定还有模糊、蒙混过关之处，请务必要回头思考是哪边出了问题，并就缺失点再做改进。

我个人并不建议在家里自制麦芽。虽说制作麦芽的门槛不高（洒洒水让麦芽湿润并保持在发芽温度，等到长出芽根至与麦身等长，再烘干到想要的程度即可），但稳定制麦的门槛却很高，做出来的麦芽，其酶、湿度、淀粉量、烘焙度批批皆不相同，用这样的麦芽当然可以成功做出啤酒，但却会把酿酒的成败摆在品质漂浮不定的原料上。要知道酿出啤酒容易，但要酿出好喝的啤酒却很困难。一杯平衡好喝的啤酒在短短10分钟内就喝完，背后却是酒厂酿酒师们数以千计个小时全力以赴的辛苦成果。

虽然不推荐自行发麦，但自己烘焙棕色麦芽我倒很赞成。一则是可以拿市售的大麦芽来加工制作，只要运用家用烤箱就能烘焙，成功门槛大幅下降；二来是英式的棕色麦芽在市面上不容易买到，DIY自制一次后，就能分批使用，既方便又划算。

| 烘焙麦芽需要的器材：

0.5～1千克大麦芽、烤箱（烤箱越大，通常受热越均匀，一次烘焙出来的量也较多）、铝箔纸、纸袋（够装全部的麦芽）。

烤箱以180℃预热10分钟

↓

将铝箔铺平于烤盘上，均匀地倒上准备好的大麦芽（高度仅量保持在0.5厘米左右，太厚的麦芽层容易导致烘焙不均）

↓

每5分钟拿长筷或长汤匙搅拌麦芽（留意不要被烫伤）

↓

20分钟左右，麦芽会进入色度20～25°L的范围，此时拿出来的就是饼干麦芽

↓

大约40分钟左右，麦芽会进入色度40～60°L的范围，此时已经是浅一点的棕色麦芽，请开始更频繁地搅拌麦芽以避免上色不均或是烧焦

↓

大约60分钟左右，麦芽会进入色度70～80°L的范围，这已经是我们想要的棕色麦芽色度。请拿出烤盘，并将烤盘放置妥当后以电风扇吹凉

↓

待麦芽冷却后，分装到纸袋中，静置两星期后再开始使用（这段时间可让烘焙麦芽过程所产生的不好气味散去）

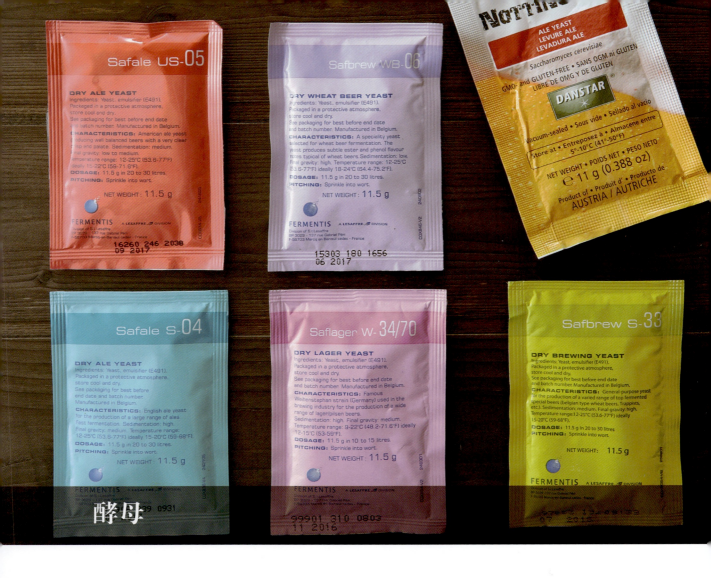

酵母属于真菌的一种，在整个生物谱系上是真核生物界的一大族群，相较于细菌或植物，酵母菌与人类在基因上的距离近得多（不枉费酿酒师们天天照顾它）。酵母在现代食品工业中扮演着极为重要的角色，想象一下，如果哪天全世界的酵母一起罢工，我们会瞬间发现再没有面包可吃、没有啤酒可喝，更别提那睡前一杯的威士忌！酵母广泛应用于各式发酵产业，这群员工数量庞大，有些还很娇贵，需要主人细心呵护，不好好对待还会耍脾气罢工给你看呢。

简单来说，啤酒用的酵母可以分为两大族群：

· 爱尔型酵母：发酵温度18～23℃
· 拉格型酵母：发酵温度7～13℃

爱尔酵母

爱尔酵母是人类最早开始使用的啤酒酵母，渊源甚至可以追溯到数千年之前。爱尔酵母的发酵温度比起拉格酵母要高，基本上是以18～23℃为主，少数品种甚至可以在高温发酵（接近30℃）还能保有不失控的风味。由于爱尔酵母在主发酵旺盛时期，会产生大量的酵母泡沫漂浮在麦汁上，让早期的酿酒师们以为这种酵母菌都在顶层工作，因而有"上面发酵（Top-fermenting）"的称号。爱尔酵母会产生明显酯类（Ester）香气，让人有水果或是花香气的联想，啤酒用的爱尔酵母种类有上百种，不同酵母间的个性差距大，可以做出很多不同个性的啤酒，是精酿啤酒界大量使用的酵母类型。

拉格酵母

拉格酵母在19世纪工业革命后，才开始迅速占领主流啤酒工业的地位，这是因为工业革命带来了冷藏技术，让原本发酵温度偏低而造成酿造环境受限的拉格酵母能大量以工业设备生产。在此之前，拉格酵母的酿造完全是看天吃饭，每年只有在天气够冷的季节才能酿造啤酒。由于拉格酵母在相对低温下发酵：（7～13℃），所以产生的副产物如酯类与酚类都比爱尔酵母少。拉格酵母酿造出来的啤酒具有口味清爽、能衬托其他原物料的风味特性。由发酵时期的外观来看，拉格酵母在主发酵时并不会产生大量的酵母漂浮在麦汁上，所以被早期酿酒师认为是在发酵罐的底部发酵（实际上，酵母在整个发酵罐内都有），因此它又有所谓"下面发酵（Bottom-fermenting）"酵母的别称。拉格酵母的种类相对爱尔酵母较少，却占据着世界上绝大部分商业啤酒的发酵罐。

酵母的分类

以下就主要几大类酵母，分别讨论其特性与香气味道走向。

🌱 比利时风格酵母

一般说来，比利时风格的酵母都有着更明显的水果香气、酯类香气，并且常常带有特殊的香料味，是极度展现酵母个性的酵母品系。由于比利时本来就产出许多高酒精浓度的啤酒，这系列的酵母菌种多数都具备高酒精浓度的耐受性，是酿造高酒精浓度啤酒的好选择。

🌱 英国风格酵母

英式酵母的香气特性很多样，暗自猜想难道是英国人含蓄自持的外表下，也有热情不拘的一面吗？基本上以伦敦（London）为名的英式酵母，大多带有温和、干净与展现麦芽的特性。部分的英式酵母则会具有木质香气或带点花香的走向。较特别的是苏格兰系列的酵母会有着较低的发酵能力，特别突显麦芽的风味，还能带来偏甜的啤酒口感。英国酵母在吃糖方面属于普遍性怠惰，大部分的英国酵母都容易具有低发酵能力与高沉絮性，容易发生较多的残糖或是发酵到一半便中止的状况。

🌱 美国风格酵母

美国风格的酵母大多都具有干净与平顺的香气，也被人称为中性风格酵母。由于美系酵母的自身特性相对于其他酵母来说较不明显，所以很容易借由其他原料来塑造味道走向。例如，加上大量的美式酒花即成印度淡色爱尔型啤酒；加上深色麦芽可制作成英式的波特与世涛啤酒；低温下（13℃左右）还能够发酵出风味极端干净的成品酒。

🌱 德国风格酵母

德系酵母大多属拉格品种，味道普遍偏向干净，啤酒的麦芽味相对明显，与德国啤酒给人的印象相符。但德国小麦啤酒酵母却属于爱尔品种，会产生明显的酯类气味，让啤酒喝来有香蕉的联想，其所包含的酚类在啤酒中则会散发类似丁香的香料风格。这类小麦啤酒酵母在高温下会产生比较多的高级醇，因此，在温度控制上要格外小心。

酵母菌的保存型式

就自酿市场可买到的酵母菌形态来说，基本上可分为两类：干酵母（Dry yeast）与液态酵母（Liquid yeast）。

干酵母

干酵母有着方便使用、容易储存、存活酵母菌数量多的优势。一般来说，买回来的干酵母只要放置在冰箱中，基本上，保存时间可以用年来计算（前提是你要买到新鲜的干酵母）。市面上的干酵母包装，大多以11.5克为标准，这一小包的量在正常浓度（起始比重1.060以下）的麦汁中使用，基本上就足够酿出19升一桶的啤酒，若在更高麦汁浓度的酿造需求下，则建议可先将干酵母进行水解或做酵母扩培。但因为不是所有的酵母种类都能够承受脱水干燥的干酵母制作过程，以至于干酵母的种类相比于液态酵母来说还是少了许多。

液态酵母

液态酵母则有着种类相对较多的优势，市面上的液态酵母种类动辄有近百种，涵盖了全世界各地区的啤酒酵母，甚至不同酒厂、不同酒款所用的酵母都能买得到。其缺点是不易保存。市面上销售的液态酵母包装是50~175毫升的容量，虽说厂商们都宣称可以直接投入19升的麦汁中发酵使用，但由于液态酵母的活性衰退极快（在冰箱冷藏环境中，大约以一天一个百分比的速度陆续死亡），因此，实际上能使用的酵母量仍过少。建议在使用液态酵母时，应该要完整扩培酵母，将酵母的投入数量（Pitch rate）提升到相对安全的范围，以降低发酵失败的麻烦。液态酵母只推荐给进阶的自酿玩家，建议新手还是以干酵母为宜。

如何掌握酵母的特性？

酵母对于啤酒的重要性一如棒球场上的投手，比赛结果与投手表现密不可分。我曾经有一阵子十分着迷于"玩酵母"，尝试将整批的麦汁分成几部分，投入不同的酵母来做实验；相信我，只要做过一次，你将惊讶于酵母在啤酒中的重要性，不同酵母酿造出的啤酒大不相同，虽然它们明明有着一样的麦芽配方，但却会让你认为这是来自于完全不同的酒谱！酵母影响啤酒的能力可见一斑。

现在台湾的家酿风气越发兴盛，玩自酿啤酒的人也越来越多，酵母也比以前更容易取得，能够选择的种类更是多到让人眼花缭乱，除了进口的干酵母与液态酵母之外，现在也有本土的液态酵母厂商能够提供比起进口商品更新鲜、更易取得的液态酵母。这真是个百花齐放的、美好的自酿啤酒年代。

但酵母种类这么多，有拉格型的，有爱尔型的，其下又各自分成德式小麦酵母、比利时修道院酵母、美系与英系。更甚者，还有人玩起葡萄酒酵母、香槟酒酵母……就连面包酵母都有人拿来实验做成啤酒，也有人自行从果皮上培养酵母，甚至还从海中采集野生酵母菌种来酿啤酒！看到这里想必你都已经晕头转向，到底该如何选择适合的酵母呢？

酵母特性

接下来将说明关于酵母的几个专有名词与特性，希望自酿玩家们在茫茫酵母的选择中，可以借此找到适合的酵母，酿出具有预期味道的啤酒。

酵母类型

当我们在选择酵母的时候，第一个最容易把握的原则就是"按照需求选择对应的酵母类型"，你现在要酿爱尔就选择爱尔型酵母；要酿美系的啤酒就选酵母名称或介绍内有美国American字样的；要酿小麦啤酒就选小麦啤酒酵母，说得更细一点，如果你这次想酿德国科隆啤酒，那就直接选酵母名称上有Kölsch的，如果找不到，请直接询问店家最适合的产品。

风味特性

不同的酵母有不同的风味特性，而且往往差别很大，千万不可忽视。虽然市面上的酵母千百种，但都找得到对应的酵母风格介绍，它会告诉你这款酵母的风味是偏向麦芽味道，或是会产生特别的水果香气，或是有比较明显的香料味，更甚者有些会有皮革、木质香气的联想。所以看酵母介绍可以得知风味走向，也大概可以预测一下酿出来的酒是什么样子。

发酵能力

发酵能力是指酵母能将酒中百分之多少的糖给消耗掉，转化成酒精，所以其单位是百分比数值。不同的酵母菌种，其消耗糖分的能力都不同。在很多不同的啤酒类型中，会需要有较低或是较高的残糖量，基本上，这与选用酵母的发酵能力有关。但精确的发酵百分比受很多因素影响，所以通常会以范围来表示发酵能力为低、中、高。

发酵能力	低	中	高
百分比	65%～70%	71%～75%	76%～80%

简单地来说，发酵能力强的酵母，由于糖分消耗完全，残糖少，可以制作出比较干爽不甜的啤酒。发酵能力低的酵母，由于糖分消耗比较不完全，残糖多，制作出的啤酒容易有较甜的尾韵。

发酵温度

这个数值告诉我们这款酵母的建议发酵温度，当你第一次使用这支酵母时，按照酵母厂商的建议数值会是个好选择。但同一支酵母在不同温度下，会有不同的风格表现，这并不是说酵母变得完全不同，而是类似从水果香气为主变成偏向香料风格，或说从比较干净的香气变成比较复杂的果香味，但基本的特性还是会相同。要特别注意的是，过高的发酵温度（>26℃）会导致大量的发酵副产物产生，如果你喝到的自酿啤酒有明显的酒精味，甚至会让人联想到不舒服的人工香料或溶剂味，而且喝了之后特别容易头晕，第二天甚至有头痛的宿醉症状，那十之八九都是高温发酵产生过多的高级醇造成的。所以在有温控设备的情况下，请先按照酵母公司建议的酵母发酵温度来发酵。

沉絮性

这项特性指的是酵母在发酵末期，酵母菌彼此聚集成串而沉降的能力。数值越高代表酵母群聚能力越强，越容易在发酵末期沉降到底部，这样会比较容易得到比较清澈的啤酒；反之酵母就越不容易沉降，会持续悬浮在酒中，这样会得到比较浑浊的啤酒。我知道很多人会追求啤酒的清澈度，认为视觉有美感就会更好喝，如果你也这么想，那可以选择比较高沉絮性的酵母。但高沉絮性通常也会带来较低的发酵能力，试想酵母宝宝们都已经聚集沉到桶底睡觉了，谁来继续认真吃残糖呢？所以要按需求斟酌选择。

右边的啤酒使用了低沉絮性酵母，左边则为高沉絮性酵母

酒精耐受度

酵母的酒精耐受度越高，可以酿出越高酒精度的啤酒，这特性很容易了解，但酒精是酵母自身的产物，怎么会有耐受不住的状况发生呢？酒精虽是酵母菌产生来抵御环境中其他细菌的物质，能抑制其他杂菌的生长，让酵母菌可以独自抢下地盘内的食物，但超过一定比例的酒精也会麻痹酵母自身的活动力。所以当你要酿造高酒精浓度啤酒（超过酒精度8%）时，酵母菌的酒精耐受度变得很重要。高酒精浓度的环境对酵母的压力大，除了高酒精耐受度外，我们也要确保投入的酵母菌活力与数量也要足够才行，并且要拉长发酵时间，以利于发酵过程顺利完成。

台湾常见的酵母

看完了酵母特性并了解如何加以选择之后，接着来介绍台湾常见的干酵母。

厂牌	名称	酵母简介	酵母特性	适合酿造酒种
Fermentis Safale	US-05	广泛使用于自酿啤酒界与大型酒厂，是很好用的酵母。发酵温度范围广泛，残糖不会过高，简直是酵母界的万能球员	发酵温度15～22℃，沉絮性中等，发酵能力70%～80%	美国系列的APA、IPA、Blonde ale，甚至深色啤酒也很适合
Fermentis Safale	S-04	是干酵母界最有名的英系酵母，能彰显麦芽的特色，展现宜人的英式风味。但要注意S-04容易发酵中止，提早沉降，导致发酵不全	发酵温度15～20℃，沉絮性高，发酵能力71%～75%	英国系列的啤酒皆适合
Fermentis Safbrew	S-33	干酵母世界中少数的比利时菌种酵母。如果你想要酿比利时啤酒，又还不想使用液态酵母，这是个好选择	发酵温度15～20℃，沉絮性中等，发酵能力71%～75%	比利时系列啤酒
Danstar	Nottingham	广泛使用在各种类型的啤酒，提供爱尔酵母特有的果香味，是很适合初学者使用的干酵母	发酵温度14～21℃，沉絮性中等，发酵能力73%～77%	美国与英国啤酒皆适合
Lallemand	Bella Saison	是干酵母世界中非常少数的比利时农夫啤酒酵母，能够产生出类似液态农夫啤酒酵母特有的香料香气，是没有液态酵母使用时的良好替代品。发酵能力高，可以做出干爽、尾韵不甜的啤酒	发酵温度17～25℃，沉絮性低到中等，发酵能力77%～83%	比利时啤酒，尤其是农夫啤酒Saison

续表

厂牌	名称	酵母简介	酵母特性	适合酿造酒种
Fermentis Safbrew	WB-06	是干酵母世界中最有名的小麦啤酒酵母，可以拿来制作出不错的德国小麦啤酒与比利时小麦啤酒。能产生小麦啤酒该有的酯类与酚类香气	发酵温度15～24℃，沉絮性中等，发酵能力66%～70%	德国与比利时小麦啤酒
Fermentis Saflager	W-34／70	著名的拉格酵母品种，从世界最古老的德国Weihenstephan酒厂分离出来	发酵温度9～15℃，沉絮性高，发酵能力73%～77%	拉格型啤酒

　　谈完了台湾常见的干酵母，接着来看看进阶自酿玩家喜欢使用的液态酵母。世界上比较知名的液态酵母不外乎是美国的Wyeast与White Labs，在台湾偶尔可以见到，但因为运费与冷藏成本高昂，所以售价都不便宜。购买这些远渡重洋而来的液态酵母，一定要越新鲜越好，否则其酵母活性堪忧。

　　而叶氏酵母是现在台湾唯一的本土液态酵母供应商。多年前，当时台湾的自酿玩家们想要用液态酵母来酿特殊的酒款时，只能大家凑凑钱从国外订购Wyeast或White Labs，等冷藏空运到台湾后，都会对高昂的运费咋舌不已，运费比酵母本身还贵。直到台湾出现了叶式酵母，现在我们要担心的反而是选择太多，不知道要买哪一种了。

　　以下是叶氏酵母的液态酵母列表：

叶氏酵母编号	酵母名称	酵母简介	酵母特性	适合酿造酒种
AA-001	American Ale I	最普及的美国Ale酵母，能产生非常干净的味道，以及清爽的尾韵	发酵温度19～23℃，沉絮性中等，发酵能力70%～80%	American IPA. Imperial IPA. APA. American amber. American cream ale. American wheat. American brown ale. American strong ale. Specialty beer. Honey ale

续表

叶氏酵母编号	酵母名称	酵母简介	酵母特性	适合酿造酒种
AA-002	American Ale II	适合多款美式啤酒，口感圆润并可以凸显酒花风味，发酵后带有些许蜜香味	发酵温度19～23℃，沉絮性中低，发酵能力70%～75%	American IPA. APA. American amber. American wheat
BA-001	Farmer Saison	有微微的酸质尾韵，带着明显的香料风味，尾韵不甜，可以酿出干爽结尾的啤酒	发酵温度建议偏高温发酵19～25℃，沉絮性低，发酵能力75%～85%	Belgian specialty ale. Saison
BA-002	Belgian Wheat	最受欢迎的比利时小麦啤酒酵母。有香料风味，微酸尾韵，成品会有明显浑浊感	发酵温度20～23℃，沉絮性中低，发酵能力75%～80%	Belgian witbier
BA-003	Trappist	发酵过程中，会产生丰富的果香与独特的酵母风味，可以稍高温发酵以凸显酵母特色，高温下的尾韵带有些许辛香感	发酵温度19～25℃，沉絮性中，发酵能力75%～80%	Belgian dubbel. Belgian golden ale. Belgian specialty ale. Belgian tripel
BA-004	Belgian Ale I	明显的香料风味与水果香气，可以广泛使用于大部分的比利时啤酒	发酵温度20～25℃，沉絮性中高，发酵能力80%～85%	大部分的比利时系啤酒皆适合，但比利时小麦啤酒除外
EA-001	English Ale I	会产生些许奶油焦糖风味，适合搭配有着明显麦芽香气的酒种	发酵温度17～24℃，沉絮性高，发酵能力70%～75%	Barleywine. Porter. Stout. Imperial stout. Imperial IPA. Old ale. Scotch ale

叶氏酵母编号	酵母名称	酵母简介	酵母特性	适合酿造酒种
EA-002	English Ale II	偏甜的尾韵与果香气、麦芽味为其特色	发酵温度18～21℃，沉絮性高，发酵能力65%～70%	English IPA. English pale ale. Barleywine. Bitter. Brown porter. ESB. Stout
GA-001	German Wheat I	发酵温度低，会产生较多的丁香味；发酵温度高，则会产生较多香蕉味。酿出的啤酒会有天然的浑浊样貌，可以产生出德式小麦啤酒惯有的蒙雾视觉感	发酵温度18～23℃，沉絮性低，发酵能力75%～80%	Dunkelweizen. Hefeweizen. Weizen. Weizenbock. Fruit beer. German rye beer
GA-002	German Wheat II	发酵温度低，会产生较多丁香味；发酵温度高，会产生较多香蕉味。但成品清澈，不易产生德国小麦惯有的蒙雾视觉感	发酵温度17～23℃，沉絮性高，发酵能力70%～75%	Dunkelweizen. Hefeweizen. Weizen. Weizenbock. German rye beer
GA-003	Kölsch	德国Kölsch啤酒酵母，干净且稍带水果酯的酵母风味，可以让麦芽的香气均匀展现	发酵温度15～21℃，沉絮性低，发酵能力75%～80%	Altbier. Kölsch. American wheat. Rye beer. Cream ale. Fruit beer
SP-001	Super Yeast	超高的酒精耐受度，可以用于转桶后二次发酵与高酒精浓度酒类，风格中性，没有太多本身的风味	发酵温度18～21℃，沉絮性中，发酵能力80%～90%	高酒精浓度酒类皆适合
GL-001	German Lager	可以在偏高的拉格发酵温度下，仍然保有干净的酵母风味，非常适合现代的拉格啤酒酿造程序	发酵温度9～15℃，沉絮性高，发酵能力73%～77%	拉格型啤酒

看完酵母特性与常用酵母品种的介绍后，接着将进入啤酒发酵过程中，影响啤酒风味极大的课题——投入的酵母数量。

投入的酵母数量

自酿新手最容易犯的错误，就是使用太少的酵母。很多人以为"反正酵母自己会长啊，只丢一点点让它们自己繁殖就可以了"。但就像足够多的牛棚投手，才能支撑一整季的美国职业棒球大联盟比赛一样，酵母就算能够自己繁衍族群，但族群的数量取决于麦汁中的氧气，如果氧气耗尽，酵母的族群数量也就无法增长，此时要是酵母族群数量太少，就会导致酵母工作量过大而呈现虚弱状态，酵母的特性也就无法完整表现出来。发酵末期麦汁中的糖分会无法消化完全，发酵过程中许多需要酵母代谢的物质，也会持续残留在酒中。

投入足够的酵母量并不困难，身为自酿玩家，你不需要准备显微镜来计算酵母量，你只需要按照几个准则来估算所需酵母，就可以达到良好的效果。要记住，你的酵母开心，就代表着能酿出令人嘴角上扬的好啤酒！

让我们先以市面上最常见的干酵母包装来计算：一包11.5克的酵母包装，其厂商设定的目标是大约一千亿（100 billion）的酵母，可以给五加仑（5 gallons）约19升、正常起始比重1.050的啤酒使用。但由于酵母的活性会随着时间而持续降低，所以在台湾能买得到的进口酵母由于经过长途运送与保存，其酵母的活性大多呈现偏低的状态。

接着，让我们动动纸笔算数学，从理论上看看多少浓度的麦汁需要多少的酵母：

一般来说，一加仑（3.78升）的麦汁浓度每上升1plato（OG1.004），会需要四十亿（4 billion）的酵母。由此，我们得出公式如下：

4 billion酵母x5 gallons麦汁总量x12.5 plato（OG1.050）=250 billion
（两千五百亿的酵母菌）

酵母在发酵的过程中会产生很多副产物，像是带着青苹果味的乙醛，或是带着硫磺或是蛋白味的硫化氢，这些会在发酵的后期，被酵母分解吸收或是消散变淡，所以，如果一瓶啤酒有这样的风味，我们通常会说这瓶啤酒还太年轻，需要一点时间成熟。

我们可以看到，从公式上来算理论值所需的酵母量，是我们平常拿到的一小包干酵母量的两倍多，而自酿啤酒新手们最常忽略的因素就是酵母的数量与活性，这会造成有经验的酿酒师与新手作品在品质上的极大差距！看到这边，那是不是代表我们应该一次买很多包酵母，并且多投几包也不手软呢？你当然可以这么做，但在台湾就算是干酵母也不便宜，更遑论用湿酵母的成本更高，如果酿一批啤酒的成本绝大部分得花在酵母上，这结论还挺让人灰心的。那么，我们还有什么办法呢？

增加酵母量的方法

很推荐自酿玩家们可以自己做酵母扩培，只要在过程中保持细心，其实成功概率很高。除了扩培酵母，我们还可以使用之前的回收酵母泥来增加酵母总量。以下列出几个方法：

使用前次发酵结束的酵母泥来做高酒精浓度啤酒

由于高酒精浓度的啤酒需要大量的酵母，所以得扩培出更多的酵母来使用（增大你的扩培量到三升或是做两次扩培，详细请见正文187页"酵母为什么要扩培？"），否则，就用相对取巧的方式来取得大量的酵母泥吧！有经验的自酿玩家会先行酿造一批相对低酒精度的啤酒，例如起始比重在10 plato（OG1.040）的英式淡啤酒，在结束后直接取用底部的酵母泥来酿制高酒精浓度、起始比重在20 plato（OG1.080）的英式大麦酒，以省去扩培大量酵母的繁琐过程与冗长时间。

多投几包酵母

如果真的还是不放心在家扩培酵母的安全性，例如"如果扩培出杂菌怎么办？""扩培太难了，我一定会养出一堆坏东西"，那当酿造酒精浓度高一点的啤酒时，就准备好钱，多买几包酵母投进去吧。酵母的数量与健康程度是自酿啤酒成功的关键，太少量的酵母是做不出好啤酒的。

足量的酵母扩培

为了准备足够数量的酵母，够大的扩培量是必需的，足够多的食物与适当的生长时间，才能繁殖出最多、最健康的酵母。根据扩培理论与公式，以两升为扩培的目标对于大部分的啤酒来说都是相当够用的。两升代表着以两升约10 plato（OG1.040）左右的麦汁来扩培酵母，标准情况下，扩培24～48小时（取决于环境温度）并搭配酵母搅拌器（Stir plate）。

下面列出不同的啤酒类型与该类型的起始比重，以及理想状况下所需要的酵母量：

啤酒类型	起始比重OG/糖度值plato	理想所需酵母量	不扩培需要几包酵母（以一包11.5g为基准）	扩培量
英式淡啤酒	1.040 / 10plato	130billion	1包	可省略
印度淡色爱尔	1.065 / 16plato	300billion	1~2包	两升
德式小麦啤酒	1.050 / 12.5plato	150billion	1包	可省略
比利时烈性金色爱尔	1.090 / 22.5plato	300billion	2~3包	三升
比尔森啤酒	1.048 / 12plato	300billion	2~3包	三升

※详细的扩培操作请参考正文187页"酵母为什么要扩培？"。

酵母的发酵温度

对于国外身处温带的自酿玩家来说，当煮沸完的麦汁充分冷却到接近室温后，进入发酵温度就可以投酵母了。但因台湾处于亚热带，一年四季中大部分的时间气温都不低，所以就算使用麦汁冷却器（Wort chiller），也只能把麦汁降低到接近自来水的温度（25～35℃）。

那么，应该在冷却器冷却完麦汁后，就直接投酵母吗？很多人都说这时投酵母就好了啊？如果你是第一次煮麦汁酿啤酒，温控设备与冰箱也还未到位，那就这样做吧！这样可以避免麦汁放置太久而让杂菌有机可乘，进而感染整批啤酒。新手总是先求成功做出啤酒，日后再来精进风味，这是学习任何新事物的不二法门。

但在麦汁摸起来还微温时（这时都还有30℃上下）投入酵母，是希望用室内空气或是用冰箱来降低整桶麦汁的温度，这样在主发酵开始前（正常2~8小时）就已经冷却到目标温度（假设是18℃），然后主发酵也顺势展开。虽然想象起来一切都很完美，而且很多人也教你要这样做，但实际上恐怕事与愿违。

实际上的状况是整桶麦汁的数量很大（19升的批次量），降温用的冰箱是以冷气来间接冷却麦汁，效率差且速度慢，往往从30℃降到18℃会需要半天到一天的时间。不幸的是，酵母在高温下简直是个多动儿，高温麦汁下酵母会很快地开始发酵，而且酵母发酵是个放热的过程，要在发酵开始的时候冷却麦汁，对于冰箱来说更是雪上加霜……于是酵母宝宝们在高温下往往已经全力以赴，热情吃糖并产生大量副产物，甚至在降温前就已经完成主发酵过程，但这不是我们想要的情况啊！

良好的发酵温度控制，是成为进阶自酿者的最大关键。

所以让麦汁在已经充分降温之后再来投酵母是非常重要的，我会建议进阶的自酿者先让麦汁充分降温后再投入酵母，才能让酵母在我们预期的温度下发酵。

◎ 酵母在进行发酵时是个放热动作，根据实验，发酵桶中心的发酵温度常会高于周遭气温大约4℃。所以说当我们看冰箱内温度计显示温度是19℃，心想这是个做出好啤酒的温度，但实际上发酵桶内部往往是23℃左右，这可是与我们的目标区天差地远。

◎ 由于用于家庭酿酒的冰箱冷却效率比较低，通常我喜欢将麦汁温度降到低于发酵温度2~3℃时才投酵母。换句话说，也就是当我们预期以19℃来发酵时，我会在麦汁冷却到16~17℃时投入酵母，接着让发酵桶内的麦汁借由发酵的发热过程，把温度拉进目标发酵温度红心区19℃，这样才能保证在冰箱中的酵母们是按照我们预定的目标在进行发酵。

酒花

　　酒花到底是什么？酒花对于大部分的台湾人来说都相当陌生，酒花不是就是加在啤酒中的花吗？事情并没有那么单纯喔。

　　酒花是温带地区的产物，台湾位处亚热带地区，除了高山上的温度适合外，平地要种植酒花是相当困难的。由于种植气候的限制，全世界的酒花产区大多分布在纬度35～55度区间，南北半球都有种植，传统的酒花产区在欧洲的德国、捷克与英国，这些是最为人所知的旧世界产区。北美在这几十年来，受惠于精酿酒厂的蓬勃发展，也跻身为主要的酒花种植产地，其大多以新品种酒花为主角。而中国大陆的酒花产区以新疆为主力，南半球的新西兰则是这几年来相当热门的酒花产区，台湾当地酒厂所需的酒花都是进口，本地的产能几乎为零。

酒花其实并不是这种植物的花，而是这种植物的球果。新鲜的酒花外观为绿色，长得像颜色浅得多的松果，但质地蓬松，可以轻易地捏成一小球。酒花每年都会重新生长，从地底的根茎长出藤蔓攀爬向上，一般来说酒花的植株可以长到6米高，球果的内部会有黄色的点状粉末（Lupulin），这是酒花中香气、阿尔法酸、贝塔酸与精油的来源。

对于酿酒师们来说，酒花有两大重要的功能，第一个功能是提供苦味，苦味的产生来源是阿尔法酸在煮沸过程中的异构化，而有相近功能的成分则是贝塔酸，但其对啤酒风味的影响比起阿尔法酸来说少得多，大多是在传统酸啤酒中陈年酒花的使用上，贝塔酸才会对风味造成比较大的影响。第二个功能则是酒花中种类繁多却各不相同的精油成分，这些精油是酒花中主要香味的来源，深受大家喜欢的酒花香气就来自于此。这些精油的成分与数量受到品种、种植地区、气候等不同的因素所影响，所以就算是相同酒花品种，种植在不同地区所得到的风味却也常常大不同。

上面介绍的这两大类功能成分，很容易随着储存温度、光线照射与储藏时间而改变，所以酒花的储存都是以冷冻保存为主，如果可以加上不透光的包装材质并以抽真空保存，酒花的风味可以保存得更久。请勿室温或是仅以冷藏来保存酒花，其风味会消退得很快，并产生让人摇头的类似奶酪或臭袜子味。

酒花中的树脂因为有抑制细菌繁殖的功能（特别是乳酸菌），所以使用酒花可以增加啤酒的保存能力。酒花中的多酚类会与麦芽中部分的蛋白质结合，部分会在煮沸的过程中析离形成热凝固物（Hot breaks），其他的部分蛋白质则在煮沸后，麦汁快速冷却的过程中凝结出来，这部分就形成了冷凝固物（Cold breaks），接着在过滤的过程中，这些凝结出来的物质会被滤除，间接也提高了最终啤酒的清澈度。另外，高阿尔法酸的酒花会有着较多的异葎草酮成分，这能帮助啤酒泡沫持久存在。

酒花是雌雄异株，这代表着酒花这种植物有区分成雄株与雌株，而酿酒师们所需要的酒花球果只会出现在雌株上。雄株的功用是授粉，帮助繁衍出下一代的种子，所以

阿尔法酸是酒花最重要的参数，一般缩写为AA。酒花就算是同一个品种，但也会因为年份、种植地区的不同而让阿尔法酸有些微的差别。当在购买酒花时，一定会看到绕口的名字后面跟着一个数字百分比（%），它用来标明了该批酒花阿尔法酸AA的数值。当煮沸的时间相同，阿尔法酸AA越高的酒花，会产生越多的苦味。

雄株对于酿酒可是没什么直接的帮助。在酒花的种植上，普遍直接采用雌株地底的根茎（Rhizomes）来无性分植。酒花的植株并不能算是强壮的物种，它受环境与疾病的影响很大，几年前的一次气候变异就造成全球酒花供货大乱。

在酒花采收季节，其采收方式与台湾稻米采收有异曲同工之妙。采收机械会从酒花藤蔓的根部切断，将整串植株拉进采收车中，接着酒花的球果会在工厂中被分离出来，剩余的植株则被丢弃。球果分离出来后会以热风烘干水分，以利日后的保存。酒花会根据用途，有些会直接以干燥球果的形式被包装，这种我们称为叶状酒花（Leaf），大部分则会被打碎后，并压缩成不同尺寸的小粒状，也就变成了我们常见的颗粒型酒花（Pellet）。颗粒型酒花中的油脂接触到空气的面积小，比较不容易氧化，对于风味上的保存较佳。再加上体积较小，冷冻保存起来相对方便，所以市售绝大部分都是颗粒型酒花。

现在台湾平地也开始有小量成功种植酒花的记录，有自酿玩家已经开始用自家种的酒花来酿酒。种植时要注意土壤的保湿与部分遮光，不然很容易被台湾炎热的太阳灼伤。

酒花的功能

前面介绍了几项酒花的优点：抑菌能力、让啤酒比较清澈并提升泡沫的持久性，但就啤酒酿造来说，酒花最重要的功能在于苦味与香气上的帮助，以下就一项一项来讨论。

赋予苦味

在啤酒酒谱中，我们一定可以看得到酒花的使用。第一个在酒花表上映入眼帘的都是用来赋予啤酒苦味的酒花，由于阿尔法酸在沸腾的麦汁中会进行异构化，转换成啤酒苦味的来源，酒花加入麦汁中一起煮沸的时间越久，啤酒也会越苦。以煮沸麦汁60分钟为例，酒花也会一起煮沸60分钟，这让我们能以最少的酒花用量，来得到最多的苦味。

酒花中的阿尔法酸中只有部分比例会转换成苦味，它会随着时间与麦汁浓度的不同而改变转化率。由下方的图表我们可以得知，当煮麦汁的时间越久，阿尔法酸转换率会上升到一个定值不再变化。另外，当麦汁浓度越高，阿尔法酸的转换率会变差。我们只需要记得这些关系，剩下的可以交给网络上的计算机或是酿酒模拟软件来计算即可。

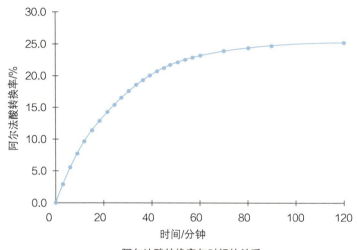

阿尔法酸转换率与时间的关系

 在啤酒世界中，常常看到IBU这个英文缩写，其全名为International bittering units，可以直译为"国际苦味单位值"，这就代表着苦味值的单位：数字越高代表越苦。大家不妨参考市售商业啤酒的苦味值来感受一下数字高低与苦味值IBU的联系：台湾啤酒18、喜力17、科罗娜19、健力士35。

增添香气

　　酒花的另一项重要任务是为啤酒带来香气。基本上，在煮沸最后0~15分钟投入的酒花，都能或多或少地保存部分的香气于啤酒之中。煮沸的时间长（像是煮沸15分钟），酒花的香气会沉入酒之中，在喝的过程中才能感受到丰富的酒花风味。煮沸的时间越短（像是关火时才投入煮沸锅的算0分钟），酒花的香气越会漂浮在啤酒表层，越能够用鼻子闻到香感。在0~15分钟内，有许多投入时机点的选择，加上酒花品种与用量的不同，足以让酿酒师们组合出千变万化的风味与香气。

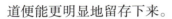

美式酒花带来如百花齐放的水果香气

　　这几年由于美式酒风潮席卷全球，像美式淡色爱尔与印度淡色爱尔，这些大量加入美系酒花来造就狂放果香气的啤酒风格，成为了市场新贵。提及APA与IPA的酿制方式，为了营造出饱满诱人的花香气，重点是必须善用"干投酒花（Dry hopping）"的技巧。所谓的干投酒花是指在主发酵结束后，将酒花直接投入发酵桶中，浸泡数天后，再分离酒与酒花，由于没有经历过煮沸与发酵的过程（两者都会减损酒花细致的香气），酒花的味道便能更明显地留存下来。

干投酒花的技巧

干投酒花的方式可有以下几项重点：

◎ **干投酒花的时机**：待主发酵结束、酵母沉降后才能投入酒花。这可避免酵母因为吸收／接触了酒花内的精油成分而生成不一样的风味。如果发酵还未结束，因为酵母仍然在分解糖分产生二氧化碳的阶段，排出的二氧化碳将会带走部分酒花的香气。

◎ **酒花与酒接触的时间**：当在发酵桶内投入了酒花后，我们可借由调整时间的长短来调整风味，一般来说，大多会选择3~7天内的接触时间。干投酒花的时间太长（超过两星期）会容易产生草秆味，让酒具有类似植物根茎汁液的微弱涩感；时间过短（少于一天），则酒花内含的精油将无法完整融入酒中，效果无法彰显。

◎ **使用的酒花类型**：以颗粒型酒花为主，主要原因是体积小方便使用，而叶状酒花会吸取过多的酒液而造成损失，但如果真的够新鲜，叶状酒花还是值得一试。

◎ **干投酒花的包装方式**：干投酒花时需让酒花在酒中能够得到充分的舒展，但又得考虑到过滤的便利性。若使用少量的酒花建议可以使用小型的卤味包（各大杂货店、生活用品店都有卖）或是泡茶不锈钢球网包装后再投入。使用更多分量时，最好分成数包或是使用网络可购得的酒花篓来增加酒花与酒的接触面积，酒花在啤酒中越能舒展（接触面积越大），干投酒花的效果会越好。

酒花的分类

我们可以粗浅地将酒花分成三大类：苦味型（Bitter）、香味型（Aromatic）和兼具型（Dual）。此种分类的依据主要是取决于酒花内部，以黄色的点状粉末中含有的阿尔法酸数值来决定。虽然不甚完备，但简单易区分是其最大好处。

苦味型酒花

当阿尔法酸超过10%以上称为苦味型酒花，这种酒花通常拿来肩负起啤酒中主要苦味的来源，因为当我使用10%阿尔法酸的苦味型酒花，用量上只需5%阿尔法酸酒花的一半重量，就可以达到一样的苦味值（IBU）。这种特性对于锱铢必较的商业酿酒来说，真的是节省成本的好方法。此类型的酒花较著名的有德国的马格努门、英国的挑战者与美国的纳盖特，基本上都是属于风味干净，苦味明确，不会带有太多杂味的酒花，属于衬托啤酒风味的配角。

酒花名称	阿尔法酸 AA	风格走向	适用的 啤酒风格
地平线 （Horizon）	10%~16%	自酿者间昵称为"地平线"的酒花，有着干净清晰的苦味，可以让香味型酒花得到展现。地平线本身有淡淡的花香与柑橘味，被大量使用在英美系的啤酒中担任提供苦味的角色	英美系风格的啤酒皆适合
沃里尔 （Warrior）	14.5%~17%	苦味强烈一如其意"战士"，但沃里尔却有温和的香气。它的高阿尔法酸对于商业酿造来说是优点，很多商业酒厂都会使用这种酒花来提供苦味	美系风格的啤酒皆适合
纳盖特 （Nugget）	9.5%~14%	纳盖特是被使用非常广泛的苦味型酒花，它除了有干净的苦味外，也带着一些药草香与木头味的余韵	欧系与美系的风格皆适宜

酒花名称	阿尔法酸 AA	风格走向	适用的 啤酒风格
马格努门 （Magnum）	12%~14%	马格努门原产德国，但在美国也有大量种植。相对于其他大部分的德系酒花都属于低阿尔法酸，马格努门动辄两位数的阿尔法酸可以节省很多苦味酒花的用量。马格努门能提供干净轻柔的苦味，清楚明白且不拖泥带水，在大西洋两岸的啤酒酿造有着重要的地位	欧系与美系的风格皆适宜
奇努克 （Chinook）	12%~14%	相对于其他干净的苦味型酒花，奇努克有着极重的独特风格，它可以用在很强力的美系啤酒中，提供一种强烈明显的苦味，像那种初次见面就急着让你记住的朋友。能带来浓缩的药草香、松针与柑橘皮的香气	美系西岸酒花风格的啤酒，APA与IPA皆适合
塔吉特 （Target）	9.5%~12.5%	塔吉特经常出现在英系啤酒的酒谱之中，它可以带来典型的英式风味，风格上带有花香味和香料味。而且阿尔法酸高，用量比起一般的EKG节省许多	英系风格的啤酒皆适合

※常见的苦味型酒花。

香味型酒花

当阿尔法酸在5%上下的则属于香味型酒花，这类型的酒花通常有着较为细致的香味，而且不同品种的风格差距还相当鲜明，常见的有捷克的萨兹与德国的哈拉道、斯派尔特和泰特昂。这些都是传统型啤酒中很重要的香气来源，而上述这些酒花还有个优雅的别名Noble hops——贵族系酒花。

酒花名称	阿尔法酸 AA	风格走向	适用的 啤酒风格
哈拉道 （Hallertau）	3%~5.5%	看到哈拉道就会直接联想到德国啤酒，它在长久的德国酿造历史中几乎占据了不可取代的地位。哈拉道这个名字是来自于其德国的产区，它同时也是贵族系酒花的招牌明星，风味上有着明显传统啤酒的香气，药草味与木质香气是特色。要注意哈拉道不要加太多，按照IPA那样使用会变成像槟榔汁，这可不是一般人喝得下去的喔	德系风格的啤酒皆适合，是拉格与小麦啤酒的标准成员

酒花名称	阿尔法酸 AA	风格走向	适用的 啤酒风格
萨兹（Saaz）	3%~4.5%	经典的捷克产酒花。对我来说，萨兹就像贵族系酒花中的公主，它轻柔的特有花香气与平顺的苦度，使它用在几乎大部分欧洲风格的啤酒都行，当然，最合适的还是捷克的波西米亚比尔森啤酒，像是Pilsner Urquell就是使用这种酒花	大部分对于苦味需求不高的欧系风格啤酒皆适合
斯派尔特（Spalt）	4%~5.5%	斯派尔特使用类型广泛，与著名的德国哈拉道酒花很类似，最大差别在于斯派尔特的药草香气比较明显，这种酒花是德国杜森朵夫老啤酒Dusseldorf altbier的招牌药草味的来源	德系风格的啤酒皆适合，尤其是老啤酒Altbier
泰特昂（Tettnang）	3.5%~5.5%	某种程度，泰特昂可以视为哈拉道的双生子（怎么又是哈拉道？），有着相对多一点点的花香与香料味，在很多小麦啤酒的酒谱中，都会喜欢加入泰特昂。对于我来说，泰特昂带来的不是使用上的问题，反而是这酒花名该怎么念？	德系风格的啤酒皆适合，拉格与小麦啤酒的好选择
东肯特戈尔丁（East Kent Golding，EKG）	5%~6%	名称上直译为"东肯特戈尔丁酒花"，是最著名的英国酒花，广泛地被使用在各式的英国啤酒之中。它可以带来英国啤酒该有的潮湿木质与土壤风味，有时候还会加入一点水果香气，是风味温和带有绅士风范的一款酒花	英系风格的啤酒皆适合
富格尔（Fuggle）	4%~4.5%	富格尔与EKG的风格有点类似，但有更明显的木质香气，有时候会有一点烟草风味的联想。非常典型的英国酒花	英系风格的啤酒皆适合

※ 常见的香味型酒花。

兼具型酒花

传统上当阿尔法酸的含量在6%~9%，则称为兼具型酒花，但由于现代的酒花育种技术日新月异，有着独特香味，又有着高阿尔法酸的酒花品种越来越多，所以现在也会把这种新品种酒花归类在这边。这类型的酒花常常有着独特的香味与较高的阿尔法酸，这两者兼具让它们的使用上更加广泛。著名的酒花有美国的卡斯卡特、北酿，以及英国的塔吉特。

酒花名称	阿尔法酸 AA	风格走向	适用的啤酒风格
卡斯卡特（Cascade）	6%~8%	经典的美系酒花，卡斯卡特是美系酒花风格啤酒的起点。在美国精酿酒厂Anchor与Sierra Nevada出现的早期精酿啤酒时代，能选择的美系酒花品种其实相当少，与现在美系酒花品种百花齐放的情形大不相同，而卡斯卡特就是那个时代的明星。卡斯卡特有着温和的葡萄柚与柑橘味，虽然很多新品种有着更浓烈的香气，但卡斯卡特的使用仍然相当广泛，尤其在干投发酵的使用上还是有相当好的效果	美系风格的啤酒皆适合
百周年（Centennial）	8%~11%	虽然百周年被冠以"超级卡斯卡特"之名，但风味上还是蛮不同的。百周年给我最大的感觉是它很容易隐身在其他美系酒花之后，虽然它还是有很好的柑橘、葡萄柚皮与花香气，但它就是属于细致不肯张扬的性格，尾韵常带有一点茶感。推荐与其他的美系酒花搭配使用	美系风格的啤酒皆适合
西楚（Citra）	10%~13%	西楚现阶段在众美系酒花中几乎是霸主的地位，我想这会不会也是大陆酿友将此酒花翻译为"西楚"的部分原因？总让人联想到"西楚霸王——项羽"啊。西楚有着很明显的热带水果香气，带给人百香果与红心番石榴的感觉，独树一帜的风味总会让啤酒迷们在第一时间内就辨别出来。大量使用在IPA之中时，干投也有极佳的效果	美系风格的啤酒皆适合

续表

酒花名称	阿尔法酸 AA	风格走向	适用的啤酒风格
哥伦布（Columbus）	11%~18%	哥伦布有着响亮的别名Tomahawk（战斧）与Zeus（宙斯），所以一般也有以CTZ来称呼哥伦布的用法。哥伦布的风格强，除了美系的柑橘味，也有着特有的松针、薄荷与类似浓香水的味道，单独使用时，个性会很重，把酵母与麦芽的风味都压在一旁。建议与其他的酒花搭配使用	美系风格的啤酒皆适合
锡姆科（Simcoe）	12%~14%	锡姆科也是这几年来很受欢迎的酒花，每当看酒花价格表就会发现锡姆科总跟西楚雄踞价格排行榜前几名。锡姆科风格独树一帜，有着特殊的动物皮革风味，伴随浓厚柑橘与松针的香气，有些人甚至会觉得还带着一点点辛香料的味道。锡姆科被大量地用在西岸的IPA，可以独自使用，也可搭配其他酒花来做出优秀的美系啤酒	美系风格的啤酒皆适合，尤其西岸风格的IPA
空知王牌（Sorachi Ace）	10%~16%	这是少数出生于日本的酒花品种，但现在主要种植于北美。空知王牌酒花有个标准的香气：柠檬草。若使用太多会很明显，建议与其他酒花搭配来调和出更有层次的香气	美系风格的啤酒皆适合，尤其西岸风格的IPA

※常见的兼具型酒花。

阿尔法酸？只能这样分类吗？

由于近几十年来，酒花育种科技的突破，许许多多不同类型的酒花品种纷纷问世。其中不乏动辄具有10%以上高阿尔法酸的品种，但在香气上的变化性更是不遑多让，这些有虾又有鱼、买一送二的新型酒花品种，几乎成为各家精酿酒厂与自酿玩家们在酿美系风格啤酒上的一大利器。我个人推荐酒花的分类与使用的准则是：在提供苦味的部分，仍然可以采用传统的阿尔法酸分类法，苦味型酒花就能稳当地提供苦味，就像货运用的控制臂也像是舞台上用来衬托红花的绿叶，安安稳稳地达成产生苦味的目的，不抢主角的戏份即可。当考虑到香气来源时，则应以香气风格来做酒花的区分，而不是单看阿尔法酸的数值：如果想酿出传统欧陆风格的啤酒，像是英国系列、比利时系列与德国拉格啤酒，当然得用传统的香味型酒花来主导香气的走向；反之，当要酿制美国风格的啤酒时，那美国系列啤酒花的柑橘、水果香气便成为首要的考量，此时新品种的美国系列酒花就会是香气来源的好选择；想要强烈柑橘香气？那锡姆科是个好伙伴；想要让人产生柔顺花香与适度柑橘香气的联想吗？可以试试看百周年；想要红心番石榴又带着百香果的甜香味吗？将热门的西楚酒花纳入你的酒谱之中吧。

另外，对于自酿啤酒玩家来说，"酒花价格"这项经济考量因素也很重要。这几年由于市场上兴起了美系啤酒的热潮，而在这股热潮之中最风行的就是所谓的美国印度淡色爱尔啤酒，啤酒爱好者们简称其为IPA。这种啤酒强调的是饱满的酒花香气，尤其是许多在这一、二十年之内出现的新品种酒花的特殊香气，更为啤酒迷所追捧。这股热潮，导致美系酒花在供需上常常出现不对等的短缺现象，越是热门的酒花就越难买到，连带地这种酒花的价格也往往昂贵不少。我会建议自酿的朋友们，不妨将这些有着特殊香气的酒花拿来作为香气增添之用，因为这些气味会在长时间的煮沸过程中消失殆尽，所以拿这种酒花来作为苦味来源，实有暴殄天物之嫌啊！而传统苦味型酒花在市场上的价格堪称平稳，因此，苦味型酒花还是好好拿来以长时间煮出苦味吧。

酿啤酒的副原料

所谓的酿酒副原料，就是指在啤酒四大原料（麦芽、酒花、酵母与水）之外的添加物。谈到副原料，不能不提到所谓禁止其使用的历史法令：巴伐利亚联邦（当时还没有德国）于公元1516年所公布的Reinheitsgebot（Bavarian Purity Law），现在多以德国"啤酒纯酿法"来称之。啤酒纯酿法规定酿造啤酒只能用"水、大麦芽、酒花"这三种原料（当时还没有发现啤酒酵母的存在），其他副原料统统不能使用。如果有业者违反法令，所酿造的啤酒便无条件充公，如此严格的法令造就了德国啤酒的高品质保证，之后也成为德国啤酒厂最爱的文案之一，似乎强调遵守1516年法规的，便是好啤酒的象征。

故事听起来很梦幻，充满着对品质与风味的极致追求，但事实的真相往往不如表面看到的那般单纯。啤酒纯酿法限制酒厂只能以大麦芽来酿造啤酒，是为了保障小麦这类的粮食作物不被拿来酿酒；而酒花这种蛇麻属植物的种植权利当时是把持在政府手中，因此啤酒纯酿法也造就了当时政府税收的稳定，而原本会被加在啤酒中的其他香料植物，就从此黯然退出啤酒世界的舞台。可以说啤酒纯酿法的实施，除了用来稳定了粮食作物的不匮乏，消费者自此不会喝到奇怪口味的啤酒外，它的实行也让某些啤酒类型消失，像是北德的特产香料啤酒（Spiced beer）便从此消失于啤酒历史洪流之中。

而就现今实际的啤酒市场现况看来，遵循啤酒纯酿法并非啤酒品质与风味的必然保证。德国之外的他国酒厂，并非全面认同啤酒纯酿法的绝对性，要不要加四大原料之外的材料，应该取决于风味，应该一切都要以杯中所能品尝到的最佳啤酒风味为依归，最有名的例子是同属欧陆的比利时。比利时是使用副原料的啤酒大国，丰富多变的比利时啤酒类型，使得比利时有着"啤酒天堂"的雅号。

举例来说，比利时的酒厂在酿造高浓度酒精啤酒时，传统上会加入糖来进行发酵，力保高酒精浓度下的酒体轻盈感；而在酿造某些特殊的啤酒类型，例如比利时白啤酒或圣诞啤酒时，则会放入不同的香料以增添风味；另外，近年来在美国相当风行的南瓜啤酒，也增添了南瓜与南瓜派中的香料一同进行发酵，让人有误以为正在饮用液体南瓜派的有趣错觉。

精酿啤酒的世界五花八门，有些酒厂致力遵循数百年来的古老传统，但也有酒厂不断推陈出新，创作出许多新产品。两者并行，展现了啤酒发展的更多可能性，啤酒世界的生命力就是这样令人感到惊奇不已。

接着，下面就来探讨不同副原料的使用原因与使用方式：

糖

糖被广泛地使用在不同的啤酒类型之中，尤其是比利时啤酒。而在家酿酒的我们，也依赖糖来作为瓶内发酵时产生泡沫的工具。在开始讨论糖之前，我们得先把糖类分为两大类，一类为可发酵糖、另一类则为不可发酵糖。

可发酵糖：顾名思义，就是可以被酵母吸收利用，用来繁殖、产生二氧化碳与酒精的糖类，如蔗糖、麦芽糖、葡萄糖、果糖和半乳糖等。

不可发酵糖：指酵母不吃的糖类，如焦糖（增添风味）、乳糖（提高甜味）、糊精（增加酒体）等。

在众多可发酵糖中，依照其不同的组成可再细分成单糖（葡萄糖、果糖、半乳糖）、双糖（蔗糖、麦芽糖）、三糖（麦芽三糖），构造越简单的糖越容易被酵母利用。不妨想象成酵母也跟人一样喜欢挑软柿子吃，它会从好消化的单糖开始，吃完再开始吃双糖，接下来才去吃较难分解消化的三糖。从酵母的消化历程可以再延伸到发酵时比重的变化曲线，前期比重降低的速度快（吃单糖阶段），后期渐渐趋缓（吃双糖阶段），在此之后，比重可能要好几天才下降一点点（吃三糖阶段），最后才会进入清除发酵副产物阶段。

麦汁中为什么要加糖？
为提高麦汁浓度（酒精度），但仍然保持酒体的轻盈易饮

　　酿制高酒精浓度的啤酒时，如果使用全麦芽配方，容易造成酒体过重、过于黏滞、喝起来口感不够清爽。这是因为麦芽中含有麦芽糊精，当麦芽使用量超过一定程度时，累积出的麦芽糊精就会让酒体产生厚重感。过于厚重的高酒精浓度啤酒喝起来会太浓稠，专业术语上会说这种啤酒的"易饮性（Drinkability）"不佳。为了解决这个问题，可以把部分麦芽（<20%）替换成糖，便能达到高酒精浓度却又容易饮用的目标。

易饮性指的是这款啤酒能不能让人一杯接着一杯，让人多喝一些？有些高酒精浓度的深色啤酒，风味上丰富多变，口感上浓稠饱满，但喝完一杯就让人觉得可以了，不需要再喝一杯了，这样就属于易饮性不佳的酒款。相反地，大量制造贩售的商业啤酒就很重视易饮性，清淡爽口、没有太多风味，但可以多喝几杯，这就是易饮的啤酒。

增加糖所带来的特殊风味

　　比利时啤酒是商业啤酒中最常加糖的啤酒类型，高酒精浓度的比利时啤酒加糖一则是为了保持易饮性，另外一个原因就是为了取得糖所产生的额外风味。深色的糖会带来焦糖化反应的特征：太妃糖、焦糖、糖蜜的香气。这些风味特征对于许多深色的比利时啤酒来说是必要条件，若你想要酿制此类型的啤酒，如何善用糖便成为很重要的环节。

　　一般来讲，无论是使用麦芽精或是全谷物（All grain），麦汁里本来就已经有足够的糖，不需要再额外加糖，有些配方会特别附上一包砂糖，我个人认为那只是用来降低成本，对风味上并不会产生太多的助益。如果糖化结束后得到的麦汁浓度偏低，你可以选择加入麦芽精（如果买得到的话）或是延长煮沸时间来浓缩麦汁。当然，使用砂糖也是另一种解决方案，但我认为其实你也可以选择不予以理会，毕竟我们是在家酿酒，酿出一批酒精度稍低的酒，也是累积自己酿酒经验的重要实验。

加糖的缺点
让酒体变得过于单薄

　　前面曾提及，高酒精浓度的啤酒加糖是为了保持酒体的易饮性，相反地，当酿制低酒精度（<6%）的啤酒时，如果仍然把部分的麦芽换成糖，很容易造成酒体过于单薄，喝起来觉得水水的，相对稀薄无味。因此，在低酒精度的啤酒中加糖不一定是件好事。

容易发酵不良

既然酵母首先选择吃单糖，那么全都喂单糖类的食物给酵母不就好了？这也不是那么黑白分明的选择。除了上面提到酒体会过于稀薄的问题之外，过高比例（>20%）的糖类还容易造成发酵不良的问题。要知道酵母在主发酵阶段吃了过高比例的单糖类，会造成酵母在单糖阶段结束时即力竭，之后在面对双糖或三糖时食欲不振，因而造成发酵不完全，导致残糖量偏高。

常用的糖

白糖

白糖是蔗糖精炼后的产物。白糖本身几乎没有额外的风味，在麦芽配方中使用的比例越高，会让酒体显得越薄，这听起来似乎是个缺点，但若运用在对的啤酒类型中反而是好事：如比利时三倍啤酒这款高酒精浓度的淡色啤酒，就十分依赖浅色糖来保持其易饮性与浅色的

除了在煮沸麦汁的过程中加入，另外白糖与红糖都很适合来作为瓶内发酵用糖，或称后发酵糖（Priming sugar）。价格便宜易取得，效果又好。

外观。唯一要注意的是当使用过多的白糖时会造成明显的酒精感，这在高酒精浓度类型啤酒中统统不是大问题（高酒精浓度啤酒往往容许部分的酒精感），但在低酒精浓度类型啤酒中就要尽量避免。个人经验是使用比例在5%～10%的范围会很安全，但以不超过20%为佳。

红糖

在台湾，红糖（或称二号砂糖）是杂货店随手可得的糖种。红糖与白糖相同，都是来自甘蔗提炼。将呈浅棕色的红糖直接加入煮沸末期的麦汁中，可带来淡淡的焦糖甜香，增加啤酒的酒精浓度，同时稍稍加深啤酒的颜色。如果需要酿造某些更深色的比利时啤酒时，红糖便显得力不从心。变通的方式是将红糖熬煮成更深的颜色，以产生更多的美拉德与焦糖化反应，之后再应用于啤酒酿造之中。

蜂蜜

黏稠状的蜂蜜是很多自酿啤酒新手热爱的啤酒糖类添加物，人们总认为一杯甜甜的又带着蜂蜜香气的啤酒是多么迷人啊。但添加蜂蜜的结果对很多新手来说都会是个痛苦的回忆，首先，蜂蜜内的糖分会全部被酵母消化，所以蜂蜜事实上并不会增加酒的甜味，而且发酵过的蜂蜜，其香气与新鲜时并不太相同。再者，于煮沸的过程中添加蜂蜜，其细微香气很容易于煮沸与发酵过程中消失，导致想象中的蜂蜜味与实际上啤酒出现的香气差距很大。此外，蜂蜜的制造过程并未经过高温杀菌，如果在发酵末期阶段直接加入啤酒中，会导致可能污染的风险；如果直接在装瓶时添加，采用后发酵糖的方式，因为蜂蜜的黏稠特性导致分配不均，分配到较多糖分的瓶子可能会爆瓶，非常危险，分配到较少糖分的则会没有泡沫，令人泄气。这些种种问题，导致蜂蜜成为许多人心目中的"头号危险添加物"，常年稳居自酿啤酒新手失败原因的排行榜冠军。

如果真想酿造出成功的蜂蜜啤酒，如何保存香气与避免啤酒因污染而变质是首先需要解决的两大难题。要知道天然蜂蜜的成分中仍留存着野生酵母与细菌，虽然蜂蜜的极高糖分与高渗透压让这些微生物难以繁殖，但随着蜂蜜被加入麦汁中，这些微生物便有机会能开始活动。

把蜂蜜在煮沸末期（最后3~5分钟）放入煮沸锅中，虽然可以杀死蜂蜜中的微生物，但缺点是蜂蜜的香气在高温的环境，于随之而来的主发酵期间会消失大半。比较好的方法是在主发酵完成后（发酵高泡期后，5~7天）将蜂蜜加入发酵桶内，使用这种方式的前提是先将黏稠的蜂蜜溶于水中，并将温度保持在80℃一个小时，以杀死蜂蜜中的微生物，才能避免啤酒被污染的风险。

此外，不要使用蜂蜜作为瓶内发酵的后发酵糖，浓稠的蜂蜜很容易造成不均匀的问题，导致部分啤酒没气或是因瓶内压力过高而导致爆瓶，这也是自酿啤酒过程中最危险的一件事情。如真的要当成后发酵糖，请适度稀释再杀菌后才能加入啤酒，然后充分搅匀后才能装瓶。

比利时糖

　　这是使用甜菜提炼出来的糖，广泛地运用在比利时当地的啤酒之中。很多人会心心念念地想使用这种糖来酿制比利时酒，但实际上，为什么比利时的酿酒师会选择用这种糖来酿酒？是因为甜菜是当地盛产的作物，拿来作为酿酒的原料是再正常不过的选择。

　　比利时糖有深浅之分，深色的版本具有因强烈的美拉德与焦糖化反应所产生的气味，会为啤酒带来果干、深色蜜饯、太妃糖与焦糖的香气，但不会为啤酒带来甜味，因为这些糖分会在发酵的过程中被酵母所消化，转化为酒精。浅色的比利时糖风味清淡，对最后的啤酒风味影响极微，我的建议是直接使用本地买得到的白糖或冰糖来取代浅色比利时糖即可。

　　深色的酿酒用比利时糖在台湾取得不易，就算找得到价格也十分昂贵。其实只要自己在家中将砂糖加酸再加热熬煮后拿来酿酒，就能得到极为相似的风味。

　　浅色的比利时糖可以直接用白糖来替代、琥珀色的比利时糖可以直接用红糖来替代，只有深色的比利时糖难以找到替代品，但可以在家自己做，一次煮多一点，分成几次酿酒来使用。下面说明如何自制深色的比利时糖，步骤其实很简单：

　　所需原料：二砂红糖一斤（500克）／水200毫升／柠檬半颗

STEP01

在烤盘上铺锡箔纸。

STEP02

将二砂红糖与水混合后，以中火煮沸。

STEP03

煮沸后加入1/2颗柠檬汁，并持续搅拌。

STEP04

10～20分钟后，水分会完全蒸发，此时剩余融化的糖会持续沸腾，请持续地进行搅拌，避免烧焦。

STEP05

保持沸腾状态并不停搅拌，过程需要15～30分钟，让温度持续升高以进行焦糖化反应。

STEP06

等到糖的颜色变成深褐色或是呈现希望的目标色泽时，将糖倒到准备好的烤盘上。

STEP07

待冷却后，将凝结的糖块分装包好，下次做比利时深色啤酒时直接加入煮沸锅溶解即可。

糖蜜

糖蜜是蔗糖提炼的副产物，是棕黑色的黏稠液体，味道微甜，带着些许苦味，伴随强烈明显的重美拉德与深焦糖化反应后的浓缩风味。一般来说，只需要100～200毫升就足以影响19升批次的啤酒，需特别斟酌使用量，不要放入过多。糖蜜带来的浓烈风味与深色特性，对于某些英式的深色啤酒具有画龙点睛之用。

葡萄糖

在食品原料行可以买到白色粉末状的葡萄糖，由于葡萄糖属于单糖结构，是酵母最容易分解吸收的糖分。在煮沸阶段加入，除了能提高麦汁的甜度外，并无法造成任何风味的改变。葡萄糖若运用在瓶内发酵，可以让酵母快速产生所需要的二氧化碳，但葡萄糖的缺点就是价格较高，而其实改用便宜的砂糖也能得到很好的效果，不一定非葡萄糖不可。

比利时糖的使用时机

比利时糖对于比利时啤酒的风味影响很大，怎么使用也有小诀窍。

于煮沸末期加入

直接于煮沸的最后阶段（5～10分钟）放入煮沸锅。若煮沸过久，会导致糖的香气散失，但这特别指的是所使用的糖有着特殊的香气，像是枫糖或是蜂蜜。过早加入煮沸，除了失去香气这个缺点外，高比重的麦汁也会影响酒花的利用率，导致酒花苦味的异构化不如预期。所以煮沸的最后阶段加入即可。

主发酵期中后期加入发酵桶

在主发酵的中后期（发酵开始的3～5天）才加入发酵桶，有助于保留更多的特殊糖类风味，另外一个优点是酵母能够较为轻松地工作。因为在酿造高酒精浓度的啤酒时，麦汁从一开始的起始比重很高，会对酵母产生很大的渗透压力，所以如果能将糖延后至主发酵中后期加入，可以减轻一开始发酵时酵母的工作负荷，也让酵母不会过早接触易消化的单糖类，而是先行使用复杂结构的糖种。值得注意的是，采用此方式时，请先将糖加水用小锅煮沸以彻底杀菌，待完整冷却后再加入发酵桶，以杜绝污染风险。

香草植物与香料

  讲完了糖，接下来轮到香料。在人类漫长的啤酒酿造历史长河中，人类使用香草植物与香料来酿啤酒已经很久了。早在酒花主宰啤酒酿造之前的数百年间，古代的酿酒师便已开始使用这些花花草草来增添啤酒的风味，平衡啤酒中的麦芽甜味，甚至带有医疗的目的性。虽然现代的酿造技术已独尊酒花为啤酒中的第一植物香料主角，但仍有部分的啤酒类型会使用酒花之外的香料，来呈现啤酒丰富多元的另一面。

  有句话非常传神地说明了如何拿捏香料在啤酒中的使用量："当你喝起来能明确指出使用了哪种香料时，便表示你用得太多了。"是的，使用香料的最大问题往往就是用量过度。

要知道，一种植物之所以被认为是香草植物或香料，即代表其具有强烈的香气，一旦使用过量，很容易让整批啤酒变成洗碗精风格或是香料卤包汤，所以下料时的分量拿捏可要特别小心。另外，香料的产地与品质会大幅影响其香气的强弱与走向，最好的方式就是靠自己的感官来决定，到底这批啤酒中要使用多少。大家不妨在使用前，先捣碎部分香料来感受香气（像是香菜种子与黑胡椒粒），或是直接用嘴巴咀嚼（迷迭香与丁香），再来就是最重要的一点，永远让下的量比你预计的再少一点。要知道，香料风味少一些仍然会是好啤酒，但香料味过多，就很容易成为喝不完的库存，请大家务必小心节制。

在使用的分量上，如果是新鲜的香草植物，可以30～60克／19升的比例来作测试；若是干燥的种子或香料，建议缩减到4～8克／19升这样的比例，如果味道真的不足，再于下次酿造时增加比例。

香菜种子

香菜种子就是广泛用于台湾菜肴中芫荽的种子，在中药店或是种子行都可以买到。在国外，厨师会将碾碎的香菜种子应用于肉类腌制，以散发特殊迷人的香气。在啤酒的酿造中，只有部分的比利时啤酒会运用香菜种子，其中最有名的是比利时小麦啤酒，也被称为比利时白啤酒。这种香料风味是比利时小麦啤酒中不可或缺的特征，如果在这种啤酒中少了香菜种子的香气，在比赛时绝对会被大大扣分。使用香菜种子的方法是将其碾碎后，于麦汁煮沸的最后10～15分钟放入煮沸锅；如果改在主发酵后进行冷泡，则会散发更清新、新鲜的香气，但务必要减少分量以免过头。

柑橘类的表皮

柑橘类的表皮有着柑橘精油所散发出来的特有香气，传统上，比利时小麦啤酒会使用香菜种子与干燥的苦橙皮来酿造，这两种添加物带来的香气是比利时小麦啤酒的两大特征。我个人推荐使用当地新鲜的柑橘皮来取代欧洲的苦橙皮，除了效果非常好之外还保有运用当地食材的精神。我曾经尝试过使用文旦（柚子）与香丁（柳丁的一种）来酿造比利时小麦啤酒，也都有不错的优异表现。要留意的是，使用时要仔细地刮除皮下白色的果囊部分以去除不必要的苦味，只保留表面柚皮1~2厘米的部分，使用的剂量可先以30克/19升的比例来测试，再依买到的品种与新鲜程度来增减用量，如果感觉到新鲜橙皮带来不舒服的微麻口感，那就下次减少用量，反之亦然。

其他香料如丁香、茴香、肉桂等都可以在中药店购得。事实上，会用到这些香料的啤酒类型不多，主要像是比利时圣诞啤酒或是美式的南瓜啤酒，使用量一样要小心，约从3克/19升的比例开始测试。这些类型的啤酒多半属于偏高酒精浓度，常需要适度陈放以等待熟成，因此，刚酿好时的香料风味不妨稍稍重一点，将这批啤酒适度熟成数月到一年后再饮用时，香料的风味便会自然退至温和的风味。

咖啡

近几年来，不少北美精酿啤酒厂开始尝试咖啡与深色啤酒的结合。某种程度上，咖啡豆经过高温烘焙所产生的美拉德反应与深色麦芽的风味走向极为类似，搭配起来相当合拍。

在深色啤酒的搭配上，使用的咖啡豆以深色重烘焙的程度为佳，如果有自己烘豆的朋友，大概就是要将咖啡烘到超过"第二爆"的程度，也就是大约224℃上下，此时咖啡的酸度大幅降低，焦苦与巧克力越发明显，是最适合拿来酿造深色啤酒的程度。

因为啤酒本身就有酒花带来的苦味，因此重烘焙咖啡所带来的苦味并不会在啤酒酿造上形成什么大问题，反倒是浅烘焙咖啡所带入的明显咖啡酸质，会破坏啤酒本身风味的平衡。这样的结果导致加入浅烘焙咖啡酿造出来的啤酒，往往带有一股怪异的生菜味，并不讨喜。

如果使用的是即溶咖啡，可直接在麦汁煮沸最后3～5分钟时加入煮沸锅。如果是使用研磨咖啡粉则不建议直接加入煮沸，应该等主发酵结束后，加入咖啡粉浸泡后再装瓶，时间以12～24小时为准来进行测试，分量则从150克/19升的比例开始，根据个人口味来调整使用量。使用这种方式要特别小心污染的风险。另外一种方式则是将咖啡煮成高浓度的型态（例如意式浓缩咖啡Espresso），于装瓶时直接加入啤酒中。

咖啡中因为含有油脂，所以会对啤酒的泡沫造成影响，导致啤酒泡沫持续性下降。但另一个角度是适合与咖啡搭配的深色啤酒，如英式深啤酒（世涛/波特），本身就不该有太多的泡沫，所以油脂的影响其实也不是那么严重的问题。

未发芽谷物

我们都知道在糖化的过程中，酿酒师利用已发芽麦子内的糖化酶来将麦子中的淀粉分解为葡萄糖与麦芽糖，这样一来，酵母才能持续利用这些糖分来产生酒精、二氧化碳以及其他副产物。因此，当我们使用未经发芽的谷物时，由于这些谷物内不含糖化酶，所以无法独自完成糖化作用，必须依赖其他麦芽中的糖化酶来协助分解淀粉。

虽然未发芽的谷物无法独自用来酿制啤酒，但并不代表这些谷物不重要。相反地，这些未发芽谷物占据了整个啤酒工业中不可或缺的位置，原因如下：

降低成本：

这几乎是未发芽谷物出现于一般商业啤酒中最重要的原因。典型的方式如添加玉米或大米的美国百威与墨西哥科罗娜，亚洲酒厂则以添加大米为主流，像是台湾啤酒与青岛啤酒中都加入了大米来酿造。

由于玉米与大米都具有高比例的淀粉，可用来取代不少的麦芽用量，以达到降低成本的效果。

降低酒中的蛋白质：

　　适量的蛋白质有助于维持啤酒泡沫层的稳定，但过多的蛋白质则会造成啤酒浑浊的状况，此外，过多的蛋白质也代表着较多的β–葡聚糖，容易造成糖化堵塞，或是装瓶时的困扰。北美六棱麦芽便具有高比例的蛋白质（约13%），适度添加替换掉部分低蛋白质的大米或玉米（都约3%），有助于调整成品啤酒中的蛋白质含量。像是北美的二棱麦芽的蛋白质含量较低（占11%~12%），使用这种麦芽便不会有什么问题，有些欧洲麦芽品种的蛋白质含量更低（约10%），就完全无需担心蛋白质过多的状况。

降低酒体以保持清爽感：

　　传统上，比利时酒厂在酿造高酒精浓度的酒时，如三倍啤酒或深色烈啤酒，都会将配方中的部分麦芽替换成糖，以降低酒体浓度，这是因为糖这种添加物并不包含与酒体息息相关的麦芽糊精。同样类似的状况也发生在大米与玉米身上，对于相对高酒精度又需要保有轻盈酒体与易饮性，并且不在乎麦芽风味的商业型啤酒来说，加入大米或玉米对于口感上的调整的确有其方便性。但对于很多啤酒迷来说，这样的做法便失去了啤酒中迷人的麦芽风味，属于典型的商业考虑。

　　以下介绍几种比较常用的未发芽谷物：

大米

　　大米这种添加物常使用于北美与亚洲大多数的商业啤酒中，有时候还会与玉米一起加入酿造，在麦芽配方中甚至可达到惊人的50%用量，为啤酒贡献出超过一半的酒精浓度。商业型大酒厂因为对成本锱铢必较，若使用价格较低的六棱大麦芽，又担心因为酒质浑浊，在行销上产生负面的影响，于是使用大米来降低蛋白质以酿造出相对清澈的啤酒，便成为解决困扰的最佳方案。

　　大米在酒中的味道比起很多其他谷物来说显得明显许多，你有察觉台啤或是青岛啤酒中的大米味吗？这些就是大米这项添加物所带来的结果。

使用大米来酿制啤酒，必须先进行糊化（Gelatinization），再将大米糊加入糖化槽中，并利用麦芽中的糖化酶来降解米中的淀粉。如果直接将大米碾碎加入糖化，将会导致极低的糖化效率，是十分浪费粮食的馊主意喔。糊化的方式可以采用日常煮饭的方式来进行，也就是直接将大米煮熟后，再打成粗米浆加入糖化锅即可。

玉米

玉米也是许多北美商业酒厂会使用的添加物。基本上，玉米的风味清淡，很多酒厂会以15%～30%的比例来酿造啤酒，对成品的风味影响微乎其微。在添加玉米时，同样也要先进行糊化，方法是先碾碎后以大约75℃糊化半小时，再加入糖化锅中。

燕麦

传统上，燕麦只会运用于少部分的啤酒类型中，最有名的是英国黑啤酒之一：燕麦世涛。此类型的啤酒在二次世界大战之前属于热门的啤酒，但在战后却销声匿迹，直到1980年代才由英国的Samuel Smith酒厂重新开始酿造，直至今日有很多酒厂都推出这类啤酒。

燕麦在风味上是很有趣的，首先它会增添啤酒的酒体（不妨想像一下燕麦粥的黏稠感），丝绸滑顺的口感，让人有种似乎在咀嚼啤酒的趣味感。燕麦本身的风味清淡，很多人在试图加入燕麦酿造后却失望于燕麦的风味并不突出，改进的方式则是先让燕麦在烤箱中以180℃烘烤30分钟直到燕麦呈现出浅棕色后再加入糖化锅中，这样便能得到相对明显的燕麦风味。使用比例则可以10%为起点，逐步增加比例直到得到想要的燕麦香气为止。

在大卖场中可以买到即时燕麦与快煮燕麦这两种基本款燕麦片。即时燕麦指的是经过糊化处理的燕麦，加水即可食用，这种燕麦可以直接加入糖化锅中一同糖化。快煮燕麦则代表还未进行糊化，必须先煮熟糊化后再使用，否则糖化的效率会很差，跟直接吃进去却让身体无法吸收利用的结果相同。

生小麦

　　生小麦指的是未经发芽的小麦，也就是拿来做面包的面粉未研磨前的样子。生小麦使用在极少的啤酒类型之中，最有名的是比利时的小麦啤酒与拉比克啤酒。比利时小麦啤酒中会添加40%~50%的生小麦，而拉比克啤酒则大约使用30%的比例。

　　生小麦会带来一股相对于小麦芽更多的生谷物风味（Grainy），但也有些酿酒师认为这个味道在成品的啤酒中并不明显，甚至难以辨别。我自己则觉得生小麦的风味并不强烈，比较倾向于直接使用小麦芽来酿造比利时小麦啤酒。

　　由于生小麦是未经发芽的小麦，其蛋白质含量会比原本蛋白质含量就已经很高的小麦芽更高！过高的蛋白质含量对于比利时小麦啤酒这种典型以白白浊浊的模样示人的类型来说，并不是缺点。而使用生小麦酿造啤酒最大的麻烦在于会导致糖化的效率很低，虽然小麦的糊化温度在52~53℃，理论上可以直接加入糖化锅中，但实际操作的结果状况并不理想，仍然建议先经高温煮过再尽可能地碾碎后才加入糖化锅。

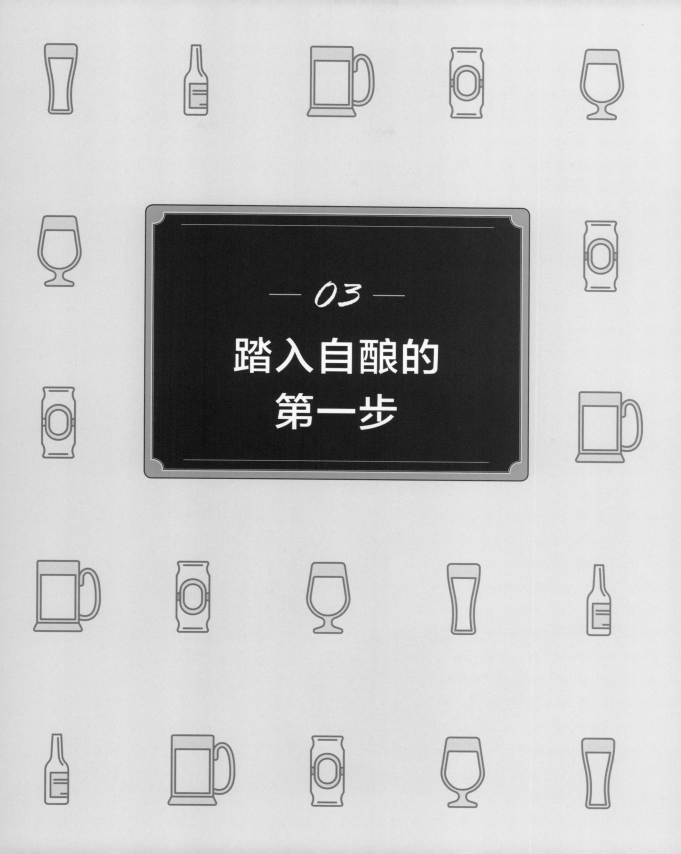

-03-

踏入自酿的
第一步

酿酒的原料

啤酒是由麦芽、酒花、酵母与水四大原料所构成。

3.酵母

4.水

1.麦芽

2.酒花

酿酒的器材准备

　　酿酒设备基本上分为煮麦汁与发酵装瓶使用的两大部分器材。煮麦汁时，会准备糖化锅与煮沸锅，两者都是越大越好；再来就是比重计、消毒喷罐与虹吸管。发酵与装瓶时，则需要使用到发酵桶、冰箱、干净的空瓶与瓶盖。器材的购置会花上一笔费用，通常新台币（1新台币=0.2228人民币，2017年8月7日汇率）万把块的预算就可以买到很不错的设备。此外，也很推荐大家尽量使用家中厨房现有的器材来兼做酿酒，毕竟一般家里不会有很大的空间，与厨房器材共用，便能省下不少的花费与空间。

　　接着，介绍酿酒（煮麦汁）所需的工具。

糖化锅

　　糖化锅顾名思义是指用于糖化过程的锅子。"糖化"是指将麦芽碾碎与温热水混合，保持温度在62~70℃，经过1个小时左右后，再将水与麦芽分离，此时分离出来的液体就称为"麦汁"，这个过程即为糖化。在糖化结束时，必须由糖化锅底部导出糖化完成的麦汁，使其与固体的麦芽渣分离，接着，麦芽渣会被丢弃，而我们酿酒需要的只有液体的麦汁。因此，糖化锅的设计必须能顺利将液体自麦芽渣中分离出来，设计时必须在靠近锅子底部的位置加上出水球阀（水龙头），而糖化锅的内部则需有过滤装置。

专业的家酿用糖化锅，由上往下：
温度计、出水球阀

这几年由于台湾自酿市场蓬勃发展，家庭酿啤酒用的糖化锅也买得到现成制品，不但价钱合理，还能省去改装的麻烦（请参考正文116页"市售自酿原料商与器材商大检阅"），轻松就能买到设计良好的糖化锅。但如果你热爱DIY，买个大的不锈钢汤锅自行钻孔，装上球阀与温度计，再加上过滤设备，也能达到几乎与专业器材一样的效果。除了省钱，更重要的是乐趣无穷！

个人很推荐使用五金行买得到的茶桶来改装，因为我自己就是这样做的。由于这种茶桶的材质本来就可以与食物接触（304不锈钢），加上其原本就有水龙头的

不锈钢茶桶

设计，只要拆掉水龙头自行换上球阀，并加上过滤设备，即可成为效果优异的糖化锅。

一谈到买茶桶与锅子，很多新手都会有这样的疑问："究竟该买多大的尺寸呢？"

我们称一次酿酒最后得到的啤酒总量为"批次量（Batch size）"。一般来说，国内外的家庭自酿者大多以5加仑（约19升）为酿出的酒总量。一个原因是19升的批次量大概就是一个成年男性可以抱起来走动且不容易受伤的重量；再者，在网上搜寻啤酒的酒谱时也会发现，酒谱的分享大多就是以19升为标准（本书也是使用这个批次量来分享酒谱）。以相同批次量照着做能省去麦芽、酒花用量需换算的麻烦；加上19升酿出来的啤酒量大概能装50瓶330毫升的玻璃瓶，无论自用送人都相当足够，每个批次还能留下几瓶作为啤酒陈年状态的观察记录使用，分量刚刚好。

◎ 改装不锈钢锅时，因锅子硬，请小心钻孔，必要时可请专业人士代为处理。

◎ 使用不锈钢茶桶（非保温型）的好处是桶壁薄，钻孔容易，可以轻松加装温度计来监测糖化温度。但缺点也是因为壁薄，保温不易，在糖化过程中必须特别注意温度，必要时，请开火加热并搅拌，好让温度均匀，详细讨论请见正文166页"糖化，为酵母准备食物"。

当使用19升的批次量来酿酒时，建议使用约25升（含）以上容量的不锈钢锅或茶桶来作为糖化锅，糖化锅的容量要比批次量大一截，好预留一点空间，若日后想做高酒精浓度啤酒（使用更多的麦芽）时，多余的容量就能派上用场。如果家中空间有限，选择小一点的批次量（5或10升），锅子买小一点的也行，只是一批次能酿出的酒量会随之减少，但你花的人力成本是相同的，而且记得要根据糖化锅的大小，等比例缩小本书的酒谱配方。

至于材质的选择，当然要买标准304的不锈钢，才能拿来接触食物或饮料。水龙头装设的位置距离底部越近越好，因为日后当糖化结束时，麦汁会由底部流出，若水龙头过高会导致桶内积存过多的麦汁，而造成浪费。

除了不锈钢茶桶，还有其他的建议吗？

坊间除了这种最基本的单层不锈钢茶桶外，仍有其他不错的选择：

◎ 保温型茶桶

这种茶桶的容量比起相同外观大小的普通茶桶要小很多，原因是内里加了厚壁来进行隔热保温。因为容量小，做起高酒精浓度啤酒时很容易显得捉襟见肘（因为容量太小会装不下更多的麦芽）。好处则是在糖化的过程中，温度变化小，糖化温度不太会受到环境影响。但这种茶桶无法直接以燃气灶加热，得完全依靠注入热水的温度与分量来控制糖化温度，如果一开始计算错误，温度的调整会比较麻烦。

◎ 电热型茶桶

这种茶桶的内壁因埋入了加热线圈，很适合做糖化的自动控制。但由于这种茶桶相对昂贵（尤其要买到20升的话），新手并不建议考虑此种设备。

如果你选择够大的糖化批次量（19升），由于整体（麦芽+水）的质量够大，糖化时温度受到室温的影响不会太大，只需要在糖化过程中，每隔15~20分钟打开燃气灶稍稍加热一下，并充分搅拌（不搅拌会造成锅底的麦汁烧焦，但保温型茶桶不可以直接加热喔），即可达到足够的糖化恒温效果。因此，我认为保温型糖化桶并非必要选择，但如果你希望能够在糖化的过程，完全不需理会温度的波动与手动加热的话，那么，保温型糖化桶仍是方便的好选择。

糖化过滤装置

糖化完成后，就要分离麦汁与麦芽。过滤方式有很多种，考虑到台湾器材的容易取得与否，推荐以下两种方式：

过滤管

原理是使用不锈钢网来担负糖化过滤的重任。所需材料都可以在台湾卖接管接头的五金行店家买到。其组合基本上就是球阀、三通、喷射头、不锈钢弹簧垫片、硅胶垫圈，以及不锈钢编织网。其中，不锈钢编织网可取自于燃气管的不锈钢包覆层，只要确定其材质是304不锈钢，将水管头尾剪断即可抽出包网，再完整洗去脏污与加工油渍后即可使用。要注意的是在此设计中，编织网的长度会影响麦汁过滤的速度，长一点可以增加过滤的效率，降低阻塞的机会。

球阀、三通、喷射头、不锈钢弹簧垫片、硅胶垫圈与不锈钢编织网

活底

"活底"（False bottom）这个名词是从英文直接翻译而来，大家可能从未听过这个名词，但翻译相当传神，你可想象这是将一个"活的底座"置于糖化桶的底部，这底座上的小孔（大约2mm直径）可以挡住麦渣形成的麦芽过滤层（我们称之为麦床），好让麦汁通过活底，从球阀流出。活底广泛使用于国内外许多自酿玩家的糖化过滤设备中，目的是增快过滤的速度，并避免造成阻塞。在商业酿造中，大型的糖化设备也会应用相同原理在过滤麦汁设备上，家中使用的活底则是其缩小版。

活底好用，但对于DIY的朋友来说就比较麻烦，活底需要根据糖化桶的直径来订制，必须要跟桶壁完全贴合才能达到最大功效。所幸现在有许多自酿啤酒设备供应商提供订制的服务，直接使用订制裁切的冲床网，再加上支架与把手，即可置入糖化桶底部使用。

活底：活底的组成即是一张打满孔的金属板，加上支架与提把

糖度测量工具

在糖化的过程中，由于糖化酶的启动，将麦芽里原本储存的长链糖分结构的淀粉，分解成短链结构的糖类（详细内容请见正文166页"糖化，为酵母准备食物"），成为酵母可以消化的养分，这就是糖化最重要的目的。但我们该如何知道糖化完成了呢？又该如何测量到底现在麦汁中含有多少糖分呢？到底有没有达到所需的目标值呢？或是发酵中的麦汁，我们如何知道还剩下多少糖度尚未被酵母吃完？发酵到底结束了没有？此时，我们需要使用工具来测量其中的糖度。糖度的测量有两种方式：

比重计

比重计是依水中含糖量越高、比重越大的原理所设计的。当麦汁的比重越大，比重计会越往上浮，刻度是从上而下递增。比重计在化工用品商店里可以买到，刻度则建议选择1.000~1.100的，即可涵盖绝大多数啤酒的起始比重。测量方式是读值的小数点后的数字，越大，表示液体中的糖分越高；反之，则糖分越低。

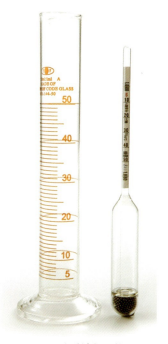

比重计与量筒

使用比重计时，请记得一并购买量筒，容量以50~100毫升为佳，只要确保比重计能在量筒中正常漂浮即可。若量筒太小，比重计浮不起来；量筒太大，则会浪费麦汁，毕竟发酵中的麦汁一经量测后就不能倒回桶内，否则，可能会导致感染。

此外，麦汁的温度会影响比重量测的数值，如果使用比重计量测煮沸中的麦汁，会需要温度补偿表来得知正确的数值。请先测量麦汁温度，再用下表来增减比重计所读出的数值：

麦汁温度/℃	比重计增减值	麦汁温度/℃	比重计增减值	麦汁温度/℃	比重计增减值	麦汁温度/℃	比重计增减值
0	−0.0007	13	−0.0003	26	0.0023	39	0.0065
1	−0.0008	14	−0.0001	27	0.0026	40	0.0069
2	−0.0008	15	0	28	0.0029	41	0.0073
3	−0.0009	16	0.0002	29	0.0032	42	0.0077
4	−0.0009	17	0.0003	30	0.0035	43	0.0081
5	−0.0009	18	0.0005	31	0.0038	44	0.0085
6	−0.0008	19	0.0007	32	0.0041	45	0.0089
7	−0.0008	20	0.0009	33	0.0044	46	0.0093
8	−0.0007	21	0.0011	34	0.0047	47	0.0097
9	−0.0007	22	0.0013	35	0.0051	48	0.0102
10	−0.0006	23	0.0016	36	0.0054	49	0.0106
11	−0.0005	24	0.0018	37	0.0058		
12	−0.0004	25	0.0021	38	0.0061		

因为比重计的值是以15℃为标准所订立的，在我们读出比重计的值之后，还需加上修正值才是真正的液体比重。举例来说，如果液体温度为23℃，比重计值为1.060，那就还需加上0.0016。也就是说，真实液体的比重为1.0616（约等于1.062）。

折射式糖度计

折射式糖度计的原理是利用光线穿透不同浓度的液体时，所产生不同的折光角度，来测量不同浓度物质的折射率变化，以换算出实际浓度。一般来说，折射式糖度计的单位为Brix，换算为Plato的公式为：

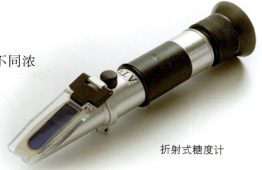

折射式糖度计

$$1.04Brix\% = 1°Plato$$

对新手来说，可以直接把Brix与Plato视为相同的单位，毕竟差距很小，可以忽略不计。

折射式糖度计的最大优点是方便，只要小小一滴就可以得知糖度，又不用担心读值需要温度补偿。但缺点是无法拿来量测已经开始发酵的麦汁，这是因为开始发酵的麦汁中已经有了酒精，会影响偏光值的正确性，造成读出来的数值偏高。所以拿折射式糖度计来量测啤酒的结束比重是不适宜的做法，此时，还是得使用比重计。

也因为如此，最好是比重计与折射式糖度计都添购一份。比重计便宜，大约二十多块钱就可购得，再加上是玻璃制品，随时都有打破的可能，多买一支备用也不会浪费。网络上可以找到便宜的折射式糖度计品牌，价位大多落在新台币一千元以内，虽然价格贵上一截，但使用起来方便，不需要计算温度补偿，经久耐用不易损坏，是划算的投资。使用原则就是发酵前用折射式糖度计，发酵后用比重计，这样就万无一失了。

另外，关于单位的快速换算，当看到比重计读值，可以取后两位数字除以四，即是大约的折射式糖度计Brix/Plato的读值：这是大约粗略的快速算法，详细正确值要套公式，但这对家庭酿酒师来说，已经非常够用了。

比重1.050≥取50　　除以四：50/4=12.5Plato

建议折射式糖度计使用在糖化与煮沸的过程，此时因为没有酒精的干扰，可以无需计算得到温度补偿后的糖度数值。比重计则专门用在发酵中后期的糖度测量，此时，因为液体中已经有酒精，因此，一定要使用比重计才能得到准确的数值。另外，由于发酵后糖度都会偏低，可以买1~1.060的小范围比重计，因为刻度更大，读起来更方便。

糖化搅拌棒

刚开始自酿时，通常批次量不会太大，糖化搅拌时，借用厨房现有的锅铲（中间有缝的为佳）或是大汤勺就很够用了。但当日后批次量增加，麦芽量太多时，小锅铲会变得很难搅拌，这时候，就要买专用的糖化搅拌棒了，一般通常是木头材质。

1 糖化搅拌棒
2 数字式温度计
3 指针式温度计

温度计

请选择不锈钢材质探棒式的温度计，指针式或数字式皆可，建议选择最大刻度值到100℃即可。一般五金行卖的厨房专用温度计，量测范围最大到300℃，虽然也可以用，但因其单位刻度太小，难以判读，并不建议使用。另外，因为煮麦汁的过程往往手忙脚乱，若使用玻璃温度计很容易发生悲剧，万一破了又捞不出所有玻璃碎片，只能整锅倒掉。

煮沸锅

当我们从糖化锅中将麦渣与麦汁分离后，需要将麦汁煮沸，此时，就换煮沸锅上场了。"煮沸锅"顾名思义即是煮沸麦汁时所需要的锅子，容量选择比批次量大1~2号的锅子最佳。原因是在煮沸的过程中，部分麦汁会因沸腾而蒸发，所以一开始煮沸的量一定会比最后完成的批次量要多出不少。再者，若是锅子太小，沸腾的麦汁很容易溢出来，造成燃气熄火的危险。要知道麦汁被炉火烤干后若黏在燃气灶上是非常难清理的，为了减轻最后收拾清洁时的负担，请尽可能使用大一点的锅子来当煮沸锅，通常19升的批次量，选择25升以上的大锅来当煮沸锅会是较好的选择。

发酵桶

玻璃药桶

发酵桶是进行发酵时所用的容器，其容量要比啤酒批次量大一些，使用时，要能在顶部预留约1/5的空间，以防止剧烈发酵时，泡沫漫出发酵桶外。

根据台湾当地器材取得的容易程度，推荐使用以下两种桶子来进行改装：

玻璃药桶

"传统腌菜与泡药酒的玻璃药桶是酿啤酒最好的朋友！"这话一点也不夸张。这是因为玻璃药桶的开口很大，不管是干投酒花，或是发酵完要清洗都很方便，加上玻璃质地坚硬不怕刮，可以大力使用清洁球刷掉脏污，再加上透明的外观能方便新手观察发酵的过程，一路酿下来，会有"原来发酵是这样！"的心得感想。玻璃药桶的优点还包括容量齐备，价格便宜又容易取得；其缺点则是玻璃桶比较重，而且一摔就破，在清洁与搬运上得多加小心，万一手滑就又是一场悲剧喔。

玻璃药桶的容量传统上是以"罐"来区分，一罐是0.6升，如果要找5加仑（约19升）的发酵桶，请选择容量为32~36罐的玻璃药桶。

塑胶桶

塑胶桶的材质不一，从PP到HDPE，甚至PET都有，优点是便宜、质地轻又耐摔，没有失手摔掉桶子的恐惧感。但塑胶桶的缺点是怕刮伤，一旦桶子表面产生刮痕，细菌就有孳生的空间，即便延长消毒时间或增加消毒剂的浓度，都很难达到完全杀菌的效果。因此，一旦选择使用塑胶材质的发酵桶，清洁时务必轻柔，敬清洁球而远之，并定期更换塑胶桶，以避免看不到的刮痕导致污染。要特别注意的是，如选用PET材质，其耐热较低（不得高于80℃），请避免与高温麦汁接触，以免溶出有毒物质。

❶

1、2 两种不同材质的塑胶发酵桶，除了考虑耐热度外，只要能密闭不漏气即可使用
3 气塞

❷

气塞

这是一个单向排出气体的工具，当发酵桶中的酵母开始进行无氧呼吸时，酵母会吃掉麦汁中的可发酵糖，然后排出酒精和二氧化碳。

❸

由于产生大量的二氧化碳要从发酵桶中排出，但又不能让外部的空气进入发酵槽（会有杂菌污染的风险），必须有液体阻隔在管道之中，请加入适量的酒精或过饱和浓盐水就可以了。

若是你热衷于DIY，不妨尝试所谓的排气管（Blow off）方法。原理是在发酵桶盖上装一根管子，把管子的另一头插到一盆水里，也能达到单向排出气体的效果。完成示意图如右：

消毒液与喷雾瓶

啤酒酿制的过程中能否成功不受杂菌污染，完全取决于消毒做得够不够彻底。消毒液即是配制出来进行消毒工作的药水，装在喷雾瓶中，以喷洒法使用。

 清洁液的选择与配制，还有消毒的注意事项请参考正文195页"清洁与消毒"。

4 到滤水器材的店里买2分的RO反向渗透专用水管和接头，将桶盖钻洞，再装上接头和水管即可
5 喷洒消毒剂的喷雾器（五金店即可购买）

虹吸管

　　虹吸管是利用虹吸原理
来做液体传输的管子，用
于在煮沸的麦汁冷却后，
将麦汁转移到发酵桶
中。由于煮沸冷却后的
麦汁底部，会沉淀着许
多杂质（热凝固物、冷
凝固物与酒花凝固物），
此时，必须在不搅动底部
的前提下，将上层澄清的麦
汁传送到发酵桶中，其中又
以使用虹吸管产生的扰动最小，
是最能圆满达成此任务的工具。
为避免因过多的扰动而导致吸到底
部沉淀的杂质，以及对于材质食品级与
否的疑虑，不建议使用五金店贩售的抽汽
油管或水族馆换缸用的抽水管。

　　虹吸管也可运用在将发酵完成，或是将接近完成的麦汁传送到装瓶桶或是
第二次熟成桶中。因为发酵后的麦汁要尽量减少与空气中氧气接触的机会，以
避免氧化。因此，不可以一瓢瓢地用汤勺，或甚至直接将发酵后的麦汁倒入另
一个桶子，这样会导致液体喷溅大量接触空气，产生严重的氧化结果，所以，
采用虹吸管是最好的选择。这种专门用在酒类的虹吸管又名抽酒管，销售酒类
酿造器材的厂商那里都可以买到。

装瓶桶

　　除发酵桶之外，还需准备另外一个桶子来作为装瓶之用，并建议专用于装瓶，不要拿来与发酵桶混用。这是因为装瓶桶最好有出水龙头的设计，使用塑胶材质的桶子会更便于改装。另由于装瓶桶子不需拿来发酵，桶壁并不会沾上发酵残余的黏渣，每次装瓶完只需要以清水冲洗，可省去刷洗的风险，因此可以长时间使用，不会有需要频繁更换的问题。

装瓶管

　　装瓶管顾名思义是使用在装瓶时用的特殊工具，这种管子可以套在装瓶桶的出酒龙头上，管子的底部装有弹簧顶出一个向下的小阀嘴。当装瓶管深入瓶子底部时，小阀嘴便会被顶开，酒液便能在几乎没有溅出的情况下流进瓶子中，将氧化的危险降到最低，是装瓶时不可或缺的工具。此器材也能在专营酿酒器材的厂商买到。

1　虹吸管
2、3 装瓶桶与底部龙头特写，这种龙头可以直接套上装瓶管
4　装瓶管

111

电子秤

市面上电子秤的价格合理，可考虑直接购入最大量（即测量3~4千克）的规格，精度0.1~1克的秤，不管是量麦芽还是酒花都很好用。

1 电子秤
2 直立型压瓶器
3 昵称为Emily的压瓶盖器

压瓶器

压瓶器是将瓶盖压上玻璃瓶的工具。其中直立型的压瓶器，经久耐用不易损坏，价格大约台币一千元左右。国外很流行使用一种昵称"Emily"的压瓶盖器，使用上也相当方便，可以快速使用不同高度、不同大小的瓶子，但不如直立型压瓶器稳固。

玻璃空瓶

　　玻璃空瓶可直接向自酿器材专卖店购买，或是自行搜集市售啤酒喝完的玻璃空瓶，唯独要注意清洁与消毒的问题。我的习惯是在饮用完市售啤酒后立即冲洗干净，到装瓶前再充分消毒，以避免不必要的污染。

晾瓶架

　　当瓶子越来越多时，洗瓶就变成了一项苦差事，而晾干洗净后的瓶子也是件麻烦事。除了塞在家中的烘碗机之外，不妨添购专业的晾瓶架，一次可晾个50～70只，足够一整个批次量使用。

瓶盖

　　请直接向自酿器材专卖店购买新的瓶盖，而不要使用回收的瓶盖，这是因为已经使用过的瓶盖会有变形漏气的问题，也容易造成污染，切勿因小失大。

4　玻璃空瓶
5　专业晾瓶架一次可晾50~70只空瓶，非常方便
6　瓶盖

麦汁冷却器

冷却器是用于煮沸结束后，将沸腾的麦汁快速降低到室温的器材。快速降温有助于冷凝固物的析出，还能减少细菌污染孳生的机会。一般来说，铜或不锈钢材质各有其爱好者。铜的制作成本较低，其导热系数极佳，散热速度比不锈钢快，缺点是铜易生铜绿，每隔一阵子就需要清洁保养。不锈钢管制成的麦汁冷却器则易于保养，不易氧化，使用完毕后，稍微用水冲一下即可，但需要专业的绕管厂才能制作，成本较高。其实，市面上就有现成的麦汁冷却器，可省去跑工厂和来回沟通的流程，而且自己做并不一定划算。

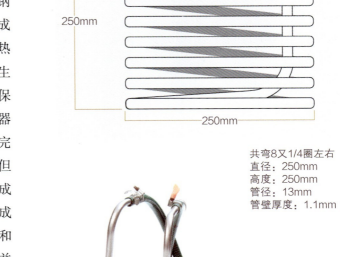

①

间距 13mm
13mm
250mm
250mm

共弯8又1/4圈左右
直径：250mm
高度：250mm
管径：13mm
管壁厚度：1.1mm

②

1 不锈钢冷却管设计图
2 麦汁冷却器

进阶器材

碾麦机

　　碾麦机属于进阶器材，若想省下此笔预算，可请自酿啤酒原料商直接碾好寄来。但因碾好的麦芽相对保存不易，放置太久会使风味改变，加上台湾一年四季偏向潮湿，夏季闷热时，麦芽容易发霉。有碾麦机的好处当然就是可以到了要煮麦汁前才开始碾麦，得以完整保持麦芽的风味。碾麦机以对辊式设计为佳，也有人使用咖啡磨豆机来碾麦，但并非最好的选择。

对辊式碾麦机

　　由两只滚轴组成的碾麦系统，麦芽由两只滚轴的中心进入，然后被碾碎，这种设计是碾麦的最佳方式，既能让麦仁破碎，又能保持麦壳的完整度，而麦壳的完整度又与糖化的过滤息息相关，完整的麦壳才能形成均匀的糖化过滤麦床，以利糖化过滤的进行。

1 对辊式辗麦机与带动碾麦机滚轮的电钻
2 碾好的麦芽需尽量保持外壳的完整（右）

咖啡磨豆机

有些人使用咖啡磨豆机或是类似的器械来碾麦，但碾出来的结果会比较接近"磨麦"，切碎了麦壳而无法保持麦壳的完整。要知道麦壳的完整度和糖化过滤时的顺畅与否相关，过碎的麦壳容易造成糖化过滤阻塞。解决方法是放宽刻度，让磨出来的麦壳与麦芽颗粒变大，以解决过滤不易的问题，但这样又会造成糖化效率下降，建议还是使用对辊式辗麦机才能使过滤速度与糖化效率兼得。

电磁搅拌器

电磁搅拌器同样属于进阶的器材。电磁搅拌器的原理是将空气中的氧气搅拌进入酵母的培养液中，利用酵母在有氧环境中，大部分行出芽生殖（酵母的无性繁殖方式，详情请见正文52页"酵母"）的特性，让酵母将培养液中的糖分与营养素，大量地使用在族群数量的增殖上，以增殖到足够的酵母数量。详细注意事项请参考正文187页"酵母为什么要扩培？"。

大致看过一遍所需器材之后，接下来就是酿酒了，就让我们撸起袖子一起动手吧。

市售自酿原料商与器材商大检阅

从自酿啤酒原物料的供应商在市场上的数量与规模，便能清楚看出自酿啤酒市场的兴盛与否。

在历经多年的努力之后，自酿啤酒从单纯少数人的兴趣，开始进入市场的爆发期，众多的自酿原料供应商与器材商如雨后春笋般冒出头来。以前的自酿啤酒玩家老是烦恼没地方采买，现在反倒烦恼选择太多，不知道要买哪些设备或原料来酿酒，总之，市场越来越蓬勃，对大家都是好事。接下来就让我们来看一下现在有哪些热门的原料商与器材商。

自酿啤酒原料与器材的百货公司
金鼎轩自酿啤酒 DIY

金鼎轩可说是台湾自酿啤酒原物料界的百货卖场，只要举凡想得到的原料与器材，金鼎轩都能满足自酿爱好者的需求。如果真的买不到，也可以请老板帮忙想办法。店家常备来自不同品牌、不同烘焙程度的数十种麦芽，琳琅满目，想酿什么酒都可以。更别提那欧洲、美国、澳洲与新西兰产的酒花，各地娇客都摆放在冰箱中任君选择。酵母方面，除了进口各国的酵母外，也与台湾当地的液态酵母供应商"叶氏酵母"合作，让自酿一族能以一键购足，免去多点采购的困扰。

金鼎轩更有丰富的自酿器材与原料套件，不管是刚入门的新手或是已经有一段时间酿酒经验的进阶爱好者，都有对应的产品可以购买，你要担心的只是越来越消瘦的荷包而已。

金鼎轩自酿啤酒DIY
地址： 台中市沙鹿区六路七街68号
电话：（04）26313368
网站： http://www.diybeersupply.com.tw/

自酿者大本营
Show How 精酿啤酒专卖

位处内坜火车站附近的Show How精酿啤酒专卖店是北部自酿者的热门聚集地。除了店内本身就是精酿啤酒专卖店外，人称"笑掌柜"的店长范雅萍更是精酿啤酒通，店内售卖超过百款的各国精酿啤酒，对于许多经典酒款的来历如数家珍。近年来，Show How利用店内空间帮助自酿社团举办各式Homebrew教学讲座，更积极参与"自酿啤酒推广协会"的设立，让Show How成为北部自酿者间的定期聚会交流场所。

除了定期的自酿教学活动，店内也摆设了一整套的自酿设备供大家参观与试用，假日走进店中常常满是扑鼻的煮麦汁香气。近期更与台中金鼎轩自酿原料专卖店合作，直接在店中售卖自酿啤酒的原料套件组，让新手可以就近在北部就能现场买到酿酒所需的一切原料，店长也会热心地回复关于自酿的技术问题。

Show How精酿啤酒专卖
地址： 320桃园市中坜区文化路36号
电话： 03455-6119
Facebook粉丝专页： https://www.facebook.com/goodbeer.cc/

有丰富教学课程的自酿原料供应店雾乐家酿

具有教学热忱的雾乐家酿致力于自酿教学，定期开办啤酒教学课程，带着大家从基础开始，解释每个步骤的原理到煮出麦汁，传授自酿啤酒的技艺。

雾乐家酿位于全台最大的文创基地光复新村，售卖各式原物料设备，让更多人享受到自家酿造的乐趣，酿造出无数种独具风味的啤酒。店内也有售卖台湾与世界各地精酿酒厂出产的啤酒，白天教你怎么酿啤酒，晚上则摇身一变成为老眷村内的小酒吧，让人可在此悠闲地品饮啤酒。

雾乐家酿
地址：台中市雾峰区中正路28号光复新村内
电话：042339-9742
Facebook粉丝专页：https://www.facebook.com/wullerhomebrew/

专营自酿啤酒套件的供应商 HoBrew 家酿生活

对于自酿啤酒新手来说，完备的入门套件往往有着强烈的吸引力。简单上网订购一组：内含麦芽、酒花、酵母这些啤酒原料，另外备有发酵桶、温度计与虹吸管等基本器材，再加上精美的说明指引，这不是很棒吗？HoBrew家酿生活就是专门提供这类套件的供应商。

HoBrew家酿生活于2015年在台湾集资平台"啧啧"成功募资，于市场上站稳脚步后，接着推出各种不同等级的套件设备与不同口味的啤酒配方组合，奢俭由人，任君选择。精美的包装搭配自家拍摄的教学影片，将自酿啤酒的门槛降到最低，只要有心，人人都可以是酿酒师。

HoBrew家酿生活
网站：http://www.hobrew.com/
Facebook粉丝专页：https://www.facebook.com/Hobrew

台湾当地液态酵母供应商
叶氏酵母

　　一个地区的精酿啤酒产业兴盛与否，与当地自家酿酒风气有很大的关系。自家酿酒的人越多，精酿酒厂的产业规模与数量也会等比例成长。而自家酿酒的兴盛与否，往往可以从自酿原料的供应商数量看得出来。

　　每一位自酿爱好者，往往最终都会走向使用液态酵母这条路。我并不是指液态酵母全面性地胜过干酵母，而是液态酵母的多样性让选择变得更丰富，是每位酿酒师都会想尝试的世界。

　　在经历多年自酿运动后，台湾第一家液态酵母供应商——叶氏酵母（Yes Yeast）终于在2015年进入市场。叶氏酵母由叶奕辰先生一手创立，其在大学与研究所阶段就以酵母作为研究方向，多年来沉浸在酵母世界中。店内常备超过20种液态酵母品类，并定期推出特殊品种的酵母，满足自酿玩家在未知酿造领域上的探索。如果你已经自己酿酒超过一段时间，却还没试过液态酵母，那一定要买个几包来实验看看。

叶氏酵母专卖
网站： http://www.yesyeast.com/
Facebook粉丝专页： https://www.facebook.com/yehsyeastcompany/

台湾自酿运动的先驱
妈妈嘴自酿同学会

　　位于新北市八里的妈妈嘴咖啡馆，是假日休闲的热门景点，更是台湾自酿啤酒运动的先驱者。早在2008年，妈妈嘴的负责人吕炳宏先生就开始自己酿啤酒，并秉持一股热情开始推广与售卖啤酒酿造的原料与器材，是当时荒芜一片的台湾市场中推进自酿运动的根本性决定力量。

　　由于店务繁忙，吕炳宏对于啤酒的主要热情多投注于教学之上，提出"教育才是自酿运动的根基"，并就此诞生了"妈妈嘴自酿同学会"，定期开办自酿啤酒教学课程，让大家透过讲师的带领与实际的操作，学会如何自己在家酿啤酒。

妈妈嘴自酿同学会同时也是著名的自动化家用酿酒机Pico Brew的台湾正式代理商，Pico的特色在于只要几个按钮就能让机器负责繁杂的酿造过程，轻松简单就能在家酿造好酒。

妈妈嘴自酿同学会
地址： 新北市八里区龙米路二段86之9号
电话：（02）2618-6501
网站： http://www.homebrew.com.tw/

德国风情的 iBREW-BEER
爱酿手作

iBREW-BEER爱酿手作麦酒设备原料，顾名思义，就是很爱酿啤酒者开的店。原在德国生活的夫妻档Andreas与Alva，本职为精密机械业，除了喜欢旅游，更爱品尝德国大城小镇的当地精酿，他们同时也是在家自酿啤酒的爱好者，啤酒俨然已成为他们生活中不可或缺的一部分。借着这股热情，让他们开起自酿原料器材供应店来推广自酿，降低台湾自酿啤酒入门的门槛。

iBREW-BEER店内除了供应各式自酿啤酒原料、精选的德国啤酒与台湾当地精酿啤酒、定期开设自酿课程之外，最特别之处在于iBREW-BEER代理德国SPEIDEL'S BRAUMEISTER酿酒设备，这是设计给高阶家庭自酿玩家的梦幻逸品，多温度区间的糖化控制、泵循环与过滤设计、自动煮沸等功能，让在家酿酒变得格外轻松。另外，iBREW-BEER也代理德国KLOSTERMALZ修道院麦芽，用这种高品质麦芽来酿造重视麦芽风味的德国啤酒，可达事半功倍的效果。

iBREW-BEER爱酿手作麦酒设备原料
地址： 台南市中西区金华路三段79号
电话：（06）222-2020
网站： www.ibrew-beer.com

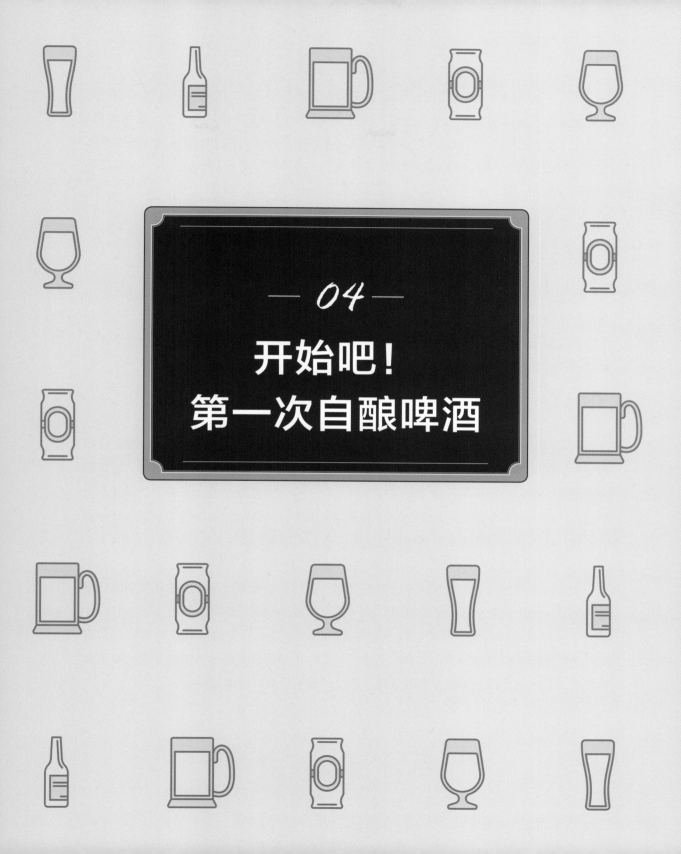

— 04 —

开始吧！
第一次自酿啤酒

其实，酿啤酒并不如想象中困难，只要稍微懂得基本的酿造原理，在家酿啤酒的困难程度基本上与下厨为家人准备晚餐的难度相差不大。只要懂得洗米煮饭、洗菜炒菜，外加煎个蛋，就有能力酿出一批正点的啤酒。或许很多人认为空间、时间、金钱会是大麻烦，但相信我，只要把握几个酿酒的关键点，并善用家中厨房常见的工具，这些都不是问题。

制作麦汁的方法基本上有两种类型：

全麦芽

将麦芽碾碎后，浸泡在水中并保持在62~70℃，一个小时以后，再进行过滤就能得到麦汁。这种方式即是啤酒厂酿造方式的精简版，原理与技术基本上是互通的。全麦芽法的优点是酿酒师不会受限于麦芽精的种类，可以酿出各类型的啤酒。但缺点是全麦芽酿造需要比较多的器材，所需时间也比较长，为4~6小时。

麦芽精

购买现成浓缩制成的麦芽萃取物，加入热水中泡开到正确的比例即可。就像在使用鸡汤块一样方便，可免去准备食材熬汤的麻烦，直接就有现成的高汤可以使用。麦芽精的优点在于准备的速度快，使用起来很方便，对于没空又想酿酒的人来说，是即时方便的选择。缺点则是麦芽精的种类相比于麦芽来说很少，可以酿的酒款会受到麦芽精种类的限制，而且在台湾购买麦芽精不易。这种方式所需的时间为2~3小时。

我个人非常推荐大家直接从全麦芽法开始，虽然比较麻烦，步骤也相对复杂些，但能从最基本的一粒粒麦芽开始尝试起，这才算完完整整知道所谓啤酒是怎么诞生的，光是这个体验就值回票价。再来，以全麦芽法酿出啤酒后，成就感绝对是笔墨难以形容的！我会鼓励大家直接使用全麦芽酿造法的另外一个原因其实是在台湾麦芽精相对不容易购买，品种也受限，不像麦芽的选择众多，想要酿什么啤酒都做得到。

但麦芽的选择太多，换个角度想也算是缺点。就因为种类繁多到令人眼花缭乱，再加上不同国家、众多品牌之下，又细分为各种制作方式不一、烘焙程度各异的麦芽，很多新手在看过麦芽种类后，只能晕头转向地问："到底要选哪种麦芽好呢？"其实对于新手来说，只要先选择"基础麦芽"，就能酿出令人惊喜难忘的风味啤酒，所谓的"特殊麦芽"，可以先放一旁，待日后进阶时再来选择。

接着，就开始体验全麦芽酿造的过程吧！

全麦芽酿造

其实我们不断提到的酿酒，说白话点，就是在替酵母菌准备它们的食物：麦汁。所谓麦汁，你可以想象成如同黑麦汁那样甜甜的汁液，里面的糖分就是酵母菌的食物，酵母借由吸收消化这些糖分来得到能源，同时产生酒精、二氧化碳，以及其他的副产物（详细请见正文52页"酵母"），这个过程让原本甜甜的麦汁变成了啤酒。

01 STEP 纸笔工作，选择配方

这里的配方泛指整支啤酒会用到的原料，以及重要关键点的选择，包含了麦芽、糖化温度、煮沸流程与啤酒花数量，再加上酵母种类，列得清清楚楚才能成功。新手可以直接以下面所列的配方与时间当作基础，依葫芦画瓢，保证成功。

简单范例如下页：

 如果对于全麦芽酿造需要的设备望之却步，不妨使用相当流行的"BIAB袋中糖化法"，可省去添购或制作糖化锅的麻烦。请参考正文137页"袋中糖化法BIAB"章节。

日期：201×.×.×.×

【批次总量】

代表这批啤酒在煮沸后大约可得到的麦汁总量，19升约是美制5加仑的大小，几乎是大部分自家酿酒师的选择。酿造这样的批次量在网络上找配方会很方便，只要看到是5加仑的配方都可直接使用，不需再另行换算。

19升（如酿造更小批次，请等比例缩小麦芽与酒花用量）

【麦芽配方】

所谓麦芽配方指的是不同麦芽的比例，这会带来不同的麦芽风味与口感。

大麦芽：3千克

浅色到中等色度焦糖麦芽：0.2千克

【酒花】

酒花会为啤酒带来苦味与香味，基本上，煮得越久、味道越苦。

哈拉道[4%]15克煮沸60分钟

哈拉道[4%]15克煮沸20分钟

哈拉道[4%]30克煮沸5分钟

【酵母】

使用酵母的品种，不同的酵母会对香气、酒精浓度与啤酒口感造成明显的影响。

Safale US-05

【糖化温度】

糖化温度的不同会影响麦汁中糖分的组成种类，间接影响到最终啤酒的酒精浓度与口感。一般来说，67℃足以酿造世界上绝大部分的啤酒风格。糖化所需的时间基本上都以1小时为准，请不要任意减少。关于糖化的目的、影响与原理请参考正文166页"糖化，为酵母准备食物"。

67℃ 持续1小时

简单的新手酒花分量拿捏法

选择使用40~120克的香型酒花。

可以选择德国贵族酒花系列的哈拉道，或是美式酒花的卡斯卡特。这两种品种的阿尔法酸在4%~6%，都是属于相当普遍的酒花，很容易买到。基本上，酒花用得越多，啤酒会越苦，酒花带来的香气也会越明显。酒花用得越少，啤酒会越感觉偏甜（因为少了苦味的平衡），麦芽的香气会比较明显（因为少了酒花香气的缘故）。使用量以及最后得到的IBU值请参考下表：

使用总共60克的酒花，其中15克煮沸60分钟，15克煮沸20分钟，30克煮沸5分钟。
或是总共120克的酒花，其中30克煮沸60分钟，30克煮沸20分钟，60克煮沸5分钟。

酒花品种	AA/%	总共60克产生的苦味	总共120克产生的苦味
哈拉道	4	11.5	19.5
卡斯卡特	5.5	16	30

究竟IBU的数值表示喝起来的感觉有多苦呢？我们可以使用市面上的商业啤酒来当作比较值：台湾啤酒18、喜力17、科罗娜19、健力士35。详细的讨论请见正文68页"酒花"。

◎ 在此使用的酒花哈拉道为一种德国品种，但这只是音译，并不代表任何意义。哈拉道是一种常见、容易购买的酒花，很多人用它酿酒后会直觉地辨认出"这就是台啤的味道嘛！"是的，台啤就是使用相同（或相似品种）的酒花来酿造。详细了解哈拉道的风味走向与特性，请参考正文68页"酒花"。第一次酿酒其实就像看食谱，照着食谱比例来采买与操作，等日后上手后，再细究不同酒花的特性即可。

◎ 酵母品种Safale US-05是一种美国品种的酵母，以发酵能力高、风味中性清爽为其特点，加上其属于干酵母品种，保存与使用容易，非常适合新手使用。

(02) 清洁器材（可前一天进行）

STEP

酿酒的第一步就是准备好干净的设备。如果锅子是新买的，其表面会有一层薄薄残留下来的机械加工油，需要反复刷洗到彻底干净后才能使用。如果是直接使用家里现成的大锅子，可以省去刷洗油污的困扰，但一样要清洁到干净的状态再拿来酿酒。糖化锅是不需要消毒的，但反复使用后仍会残留些许麦芽糖垢，请仔细一一刷除。水阀的部分使用完后，也要立即以大量清水冲洗，平时保持开启通风。

发酵桶一样要清理干净，使用玻璃材质的桶子可以尽量用力刷。若使用塑胶材质，就要轻柔，以免产生不必要的刮痕导致细菌孳生，造成污染的可能。玻璃的小工具，比如比重计，每次用完要小心收好，因为很脆弱易破，建议多买两支，免得临时失手打破就没得用了。

瓶子的内部最容易藏有污垢，这些摸不到也洗不到的地方经常被忽略。若想使用回收瓶，记得用刷子彻底刷洗干净再使用，只要发现刷不掉的污垢，就放弃这个瓶子并送去回收，千万不要为了省几块钱，就冒着努力可能付诸流水的风险。如果可以的话，瓶子请买新的或是搜集自己喝过的，只要每次饮完后立即冲水清洗再倒扣晾干即可，这样便能得到非常干净的瓶子。

最后就是准备好新的瓶盖，各大自酿啤酒专卖店都买得到，切勿使用回收瓶盖。新的瓶盖不用清洁，装瓶前再消毒即可。

(03) 麦芽称重，碾碎麦芽（如果请店家代碾麦芽，请跳过本步骤）

STEP

照着配方中的个别麦芽重量，称重后并混合，就可以准备碾麦了（或直接请麦芽供应商碾好麦），如果有兴趣长期保持酿啤酒的兴趣，添购一台碾麦机是个好选择。如果你买来的麦芽已经碾好了，请跳过这段。

 碾好的麦芽请放在阴凉处，或以冷藏方式保存，碾好的麦芽建议不要放置超过三个月，以免变质。

1 麦芽称重
2 碾碎麦芽（请店家碾好麦芽的话，请跳过此步骤）

　　接着，使用碾麦机将麦芽碾碎至适当粗细，许多的家用碾麦机都是以电钻来带动，并使用对辊设计以求得最佳的碾麦效果。如果请自酿啤酒原料供应商代碾，就不用担心，专业的供应商都会提供最通用的粗细大小。

　　自家碾麦的关键因素在于碾麦机的间隙，适合的间隙可以碾出适合的粗细度。对辊式碾麦机的间隙代表碾出麦子的粗细度，一开始可以使用0.8~1.2毫米作为标准（约为一张信用卡的厚度），再依过滤状况适度进行调整。如果糖化过滤困难，不妨加大间隙让碾出的麦子颗粒变得较粗；如果糖化效率过低，则试着减小间隙让碾出的麦芽变细，以增加糖化的效率。由于每个人的设备不同，最佳的碾麦粗细也会不一样。

　　所谓的最佳碾麦粗细指的是：在糖化过滤不会堵塞的情况下，麦芽碾到最细的程度，这可以得到最佳的糖化效率。

1 对辊式碾麦机的内部构造
  与电钻
2 碾麦漏斗进麦
3 碾好的麦芽

　　好的碾麦机能尽量保持麦壳的完整性，并将麦芽白色内仁部分尽量碾破，这是因为完整的麦壳会在糖化后的过滤过程中扮演重要角色：相对完整的麦壳容易形成天然的过滤层（麦床），如果麦壳破碎，过滤层会因为间隙过小而造成阻塞，并在糖化过程花过长的时间。

　　这同时也是改用咖啡磨豆机来碾麦的缺点。因为咖啡磨豆机的设计是为了磨碎咖啡豆，当用来研磨麦芽时，麦壳部分也会被均匀地磨成碎屑，造成糖化过滤的困难。但这并非代表完全不能使用咖啡磨豆机，只要尽量把研磨的粗细度增大，尽量保持麦壳的完整，同样也能达到类似的目的。

(04) STEP 糖化

在此推荐使用活底来进行糖化，活底这个词是直接从英文翻译而来，指的是类似一片铁板上有众多小洞的设计，可让麦壳自然卡在这些小洞上，以形成天然的过滤层。

我们先将13升（注意！）的水注入糖化锅中，加热并维持在73~74℃（注意！此处的水量与温度必须搭配此处配方中使用的麦芽量，如果用更少的麦芽，则需调整热水的总量与温度，否则，容易造成糖化温度过高或过低）。

倒入碾好的麦芽，并立即充分搅拌，要避免麦芽和麦粉因结块而导致受热不均。

活底
出水龙头
温度计

1 一个糖化桶中会包含活底、温度计与出水龙头的设计
2 倒入麦芽
3 立即搅拌，避免麦芽结块
4 将温度调整到这次糖化的目标温度：67℃

如果温度不足，请直接开火加热糖化锅。如果糖化锅属于保温型，请加入适当的热水并迅速搅拌来调整水温。如果水温过高，请加入冷水来降温，记得少量多次，不要一下加太多而造成温度很难控制。

糖化的时间是1个小时，过程中留意温度计指针。当温度下降超过1~2℃，请开火加温并进行搅拌，以免烧焦粘锅。在最后10分钟时，请取出一点麦芽与麦汁，用碘液测试一下淀粉是否都已经转化成糖。当呈现褐色时，表示没有淀粉，糖化已经完成；当呈现紫黑色时，就表示还有淀粉残留，还需要时间进行糖化。

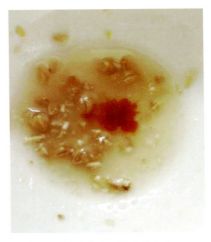

以碘液检查麦汁中有无残存的淀粉

05 STEP 过滤麦汁

等糖化的一个小时过去后，接着就要过滤麦汁。此时，我们会利用反复循环的方式来取得清澈的麦汁。做法是先过滤出一小锅的麦汁，接着将过滤出的这些麦汁，小心缓慢地倒回糖化桶内（若太过用力地倒回麦汁会破坏过滤层的形成），反复地轻柔倒回，能让这些麦汁之中的麦壳细屑与麦仁粉末再次从上方进入糖化锅，借由这样的动作，形成天然麦壳过滤层。反复四到五次动作之后，麦汁就会相对变得较为清澈。

此时的麦汁仍然不是干净透明的状态，只要确保大颗粒的麦仁与麦壳没有流入麦汁中即可。因为就算在专业酒厂里，此时麦汁的状态也不会到非常干净透明的程度，适度的一点浑浊是可以接受的。

1 取出麦汁
2 倒回糖化桶中

05
STEP
放上电磁搅拌器，调整转速到适当，搅拌24~36小时。记得持续观察，酵母如果繁殖起来，扩培麦汁上面会漂浮着泡沫。如果泡沫完全消失，麦汁颜色也变浅，表示麦汁内的糖分耗尽，扩培结束。

06
STEP
可在扩培酵母超过24小时时，选择在高泡期将整瓶酵母加入发酵桶中。或是等扩培结束（麦汁上的泡沫完全消失），将锥形瓶放置入冰箱，待一天之后酵母沉降，将上层的澄清液倒掉，留下底层白色的酵母，摇匀后，倒入主发酵桶内。但要记得先拿个磁铁将底部的搅拌子吸住，不然，搅拌子也会被一并倒入发酵桶中发酵！虽然不会造成污染，但这下就没搅拌子可用啦。

锥形瓶中扩培好的酵母

注意事项：

· 扩培过程请注意消毒，并选择干净的环境（不要直接照到阳光，不要放在环境微生物太多的地方）。

· 扩培环境的温度会影响扩培的速度。冬天室温低，扩培时间可能会延长到三天才能完成；夏天室温高，扩培时间可能会缩短到24~36小时内。

· 扩培完成后，如不放心，可闻闻看有无异味，或者干脆倒一小杯出来尝尝。如果有变质疑虑，请放弃不要使用。

· 扩培必然有风险，但只要小心消毒、麦汁与酵母都正常，成功概率远高于你的想象。

在此示范如何批次洗糟（Batch sparge）：

第一次批次洗糟

1　将8升的水加热到90多℃，倒入过滤完成的麦芽层（麦床）上，并快速地搅拌。

2　热水与混合过的麦床温度不要超过76℃。过高的麦床温度会透析出麦壳中的单宁，造成不佳的涩味口感（很重要）。

3　静置10分钟后，引出麦汁的做法与前面糖化结束时相同：打开水阀让麦汁流出，并将前几次的麦汁轻柔地倒回糖化糟中，重复4~5次，直到流出的麦汁是相对清澈的状态，才开始收集麦汁。

4　将麦汁轻柔地倒回糖化锅中。

 除了批次洗糟这种方式之外，还有一种普遍为酒厂使用的方式，称为连续洗糟（Flying sparge）。连续洗糟的意思是持续由糖化糟上方洒下均匀而少量的水，让洗糟的过程连续不中断，以洗出最多的糖。在家中酿酒，如果想用连续洗糟的方式，得用更多特殊的设备才行，在此建议家庭酿酒师直接使用批次洗糟即可，效果虽然差一些，但使用时间短，又无需特殊工具，是我个人相对心仪的方式。

出糖

　　眼尖的自酿老手可能已经发现，在此处虽说是进行第一次批次洗糟，但其实就是在做所谓"出糖"的动作。出糖的过程其实就是在对糖化结束的麦芽与麦汁进行加温，使麦床从糖化的67℃升温到76℃。会这么做的原因如下：

◎ **停止糖化动作：**当温度升至76℃时，麦汁中的糖化酶会被破坏，导致无法再继续分解淀粉，因此，当要中止糖化时，升温出糖是必要的方法。但对于家庭自酿者来说，我们都希望能糖化出越多糖越好，糖太多还可以加水稀释，但若糖太少就很麻烦了。所以对于家庭酿酒师来说，以升温来停止糖化动作并非主要目的。

◎ **增加麦汁流动性：**当温度越高，含糖的麦汁流动性越好，在糖化过滤的过程中，越不容易阻塞。糖化阻塞是自酿的朋友们都感到很头痛的问题：糖化的过滤速度越快，则糖化效率会越低，于是多数人会把麦子碾得更细，以求得更高的效率；但麦芽碾细后，又会让过滤速度变慢，严重时还会阻塞过滤管，快慢之间的拿捏永远是家庭酿酒师们的两难。出糖可让麦芽与麦汁温度提升，不但减缓了阻塞问题，还能增快过滤速度，因此，当糖化过滤阻塞时，不妨试试提升温度的做法，或许就能解决问题。但如果过滤速度已经够快，要不要做出糖这个动作，就视个人选择而定了。

　　由此可知，出糖并非一个必要的动作，但若是连第一道麦汁的过滤都有困难，试着把出糖升温的动作提前到"过滤麦汁"之前，或许就能解决你的问题。如果还是阻塞，那就要回头思考糖化过滤设备的设计与碾麦的粗细。最终目标是要达成两个相互矛盾因素的最佳化：过滤速度与糖化效率。

第二次批次洗糟

　　将8升的水加热到75~76℃，倒入过滤完成的麦床上，并且快速地搅拌。目标一样是混合后麦床的温度不超过76℃，静置10分钟后，再流出麦汁进行过滤，程序与第一次洒水相同。

　　等到搜集完糖化与洒水后的麦汁，就能混合出需要的麦汁量，然后测量比重。要注意的是最后一次洗糟的麦汁糖度低，不一定要加入全部的麦汁之中，以免让整体的起始比重无法达到所需的目标值。但这些麦汁仍可以留下来当成煮沸过程的补充水来使用。不浪费任何一滴麦汁，让我们当个克勤克俭的家庭酿酒师。

　　接着，就要进行煮沸的过程，请跳到正文141页。

麦芽浸出物酿造

前面介绍的是全麦芽酿造法，现在则要介绍如何使用麦芽浸出物酿造啤酒。麦芽浸出物因省略掉麦芽糖化的步骤（麦芽浸出物制造商已经帮你做好了），使用不但简单还容易上手。基本上，就是把麦芽浸出物加水调匀，煮沸后一样加入酒花来产生苦味与香味，然后再进行冷却与入桶动作，大大缩短了整个准备麦汁的过程时间。

到底什么是麦芽浸出物？你可以把它想象成是麦芽的萃取物，有点像鸡汤与鸡汤块的概念，而麦芽浸出物就等同是鸡汤块。一般来说，麦芽浸出物都是用罐头的形式包装，里面的麦芽浸出物看起来像糖浆般稠稠的，是麦芽工厂做完糖化后再经浓缩的产物。因为麦芽浸出物工厂已经完成了糖化和浓缩的过程，你所需要的就是按照比例加热水，把麦芽浸出物煮开稀释，冷却后就是可供发酵的麦汁了。除了液体状的麦芽浸出物外，也有粉末状的干麦芽粉末DME（Dry malt extract），同样按照厂商的建议比例来稀释成麦汁即可。使用麦芽浸出物时，不需烦恼麦芽如何保存、麦芽如何碾碎，无需斤斤计较糖化温度，也不用耗时的过滤与麦渣处理过程，让酿酒变成像泡牛奶那样简单。

麦芽浸出物的新鲜度很重要，要尽量避免买到生产了一段时间的商品（超过一年），不然会容易产生氧化的风味，酿出来的酒喝起来会有种钝钝的感觉。但由于在台湾麦芽浸出物的选择还是比较少，如果买到的麦芽浸出物已经生产一段时间，不妨试着在酿造过程中加入一些特殊麦芽来增添新鲜的风味，也能酿出好喝的啤酒喔。以下，我们将示范怎么做。

【你的第一次自酿啤酒–麦芽浸出物+焦糖麦芽】
日期：201×.××.××

【批次总量】
19升（如酿造更小批次，请等比例缩小麦芽与酒花用量）

【麦芽配方】
　　与全麦芽酿造法不同的是，我们使用麦芽浸出物来替代麦芽。
3千克左右液态麦芽浸出物罐头，或是2.3千克的干燥麦芽浸出物
200~400克的焦糖麦芽，色度10~60°L（即等同于水晶麦芽）

　　你可以决定要使用多少的焦糖麦芽，基本上，焦糖麦芽用得多，啤酒酒体会变得黏滞、尾韵甜味也相对明显。使用颜色越深的焦糖麦芽，会带来越多的烘焙焦糖味，使用量超过一定比例后，会成为啤酒主要的调性。若使用过多（超过15%）很容易会让人有在喝感冒糖浆的联想，我想，应该不太有人会喜欢这种口味吧。

【酒花】
　　酒花可为啤酒带来苦味与香气。基本上，煮越久越苦。有些麦芽浸出物罐头甚至已经把酒花萃取物加入，即可省去这个部分，详细请参照麦芽浸出物厂商的使用说明。
哈拉道[4%]15克煮沸60分钟
哈拉道[4%]15克煮沸20分钟
哈拉道[4%]30克煮沸5分钟

 简单的新手酒花拿捏法请见正文123页"全麦芽酿造"，详细的酒花讨论请见正文68页"酒花"。

【酵母Yeast】
　　使用酵母的品种。不同的酵母会对香气、酒精浓度与啤酒口感造成明显的影响。
Safale US-05

用到糖化锅，大锅子只剩下煮沸锅需要清洗，只需

日期：201×.×.×.×

(02) STEP 煮水并浸泡特殊麦芽

在煮沸锅中加入大约20升的水，将整锅水加热到约70℃。在煮水的问题，把准备好的焦糖麦芽碾碎（可请自酿器材原料供应商先碾好），放入准备好的豆浆滤袋中并束好袋口，放入锅中泡30分钟。等时间一到，把整袋包着

你可以决定要使用多少的焦糖麦芽。基本上，焦糖麦芽用得多，啤酒酒体会变得黏滞，且甜味也相对明显，使用颜色较深的焦糖麦芽，会带来越多的烘焙焦糖味，使用

在喝感冒糖浆的联想，我想，应该不太有人会喜欢这种口味吧。

(03) 加入麦芽浸出物

经把酒化萃取物加入，即可省去这个部分，详细请参照麦芽浸出物厂商的使用说明。

哈拉道[4%]15克煮沸60分钟

哈拉道[4%]30克煮沸5分钟

 TIPS 简单的新手酒花拿捏法请见正文123页"全麦芽酿造"，详细的酒花讨论请见正文68页"酒花"。

麦芽浸出物充分溶解。此时仍得保持燃气的加热状态，待麦汁滚后，将燃气火力适时调小，并开始计时60分钟，燃气火力以让麦汁持续保持沸腾并不会溢出锅子为原则。

TIPS 有些人认为挤压麦床会导致单宁流出，但也有人持相反看法。此外的特殊麦芽分量少，因挤压而造成风味改变的风险极低。

麦芽浸出物调匀溶解后就可以得到麦汁，很简单吧！许多国外的自酿朋友都会在家中常备着几罐麦芽浸出物以备不时之需，当突然想酿酒又没有足够时间时，能快速生成麦汁的麦芽浸出物酿造法就是最佳解决方案。

此后的步骤与全麦芽酿造的方式相同，请参考正文141页的煮沸、消毒、冷却与入桶说明。

BIAB袋中糖化法

我们已经介绍了以全麦芽以及麦芽浸出物两种方式来酿造啤酒。全麦芽的酿造法是酒厂生产啤酒的缩小家庭版，变化性大，可随心所欲酿出各种啤酒；麦芽浸出物使用简便、易上手，就像用鸡汤块做出高汤一样方便。但还有另一种方式兼具两者的部分优点，那就是"袋中糖化法（BIAB；Brew in a bag）"。

何谓袋中糖化法BIAB?

BIAB袋中糖化法的精髓是用简单到不可思议的方法来完成全麦芽酿造，从字面上来解释，就是在一个袋子中搞定酿酒过程。名字虽然听起来很神奇，但其实搞定的只限于"糖化与糖化过滤"这个步骤，其过程简而言之，就是把麦芽包在袋中泡水糖化，等糖化结束后，再把袋子拉起来，就完成了过滤。由于糖化与过滤是准备麦汁中花费最多时间的部分，BIAB大幅度地减少困难度与糖化器材的需求，推荐给想尝试全麦芽酿造丰富多样性、但又对于糖化设备望而却步的新朋友们。

想操作BIAB，只要家里有大一点的汤锅，再买个棉质过滤网即可开始，这就是所有的糖化设备。你无需使用专属糖化锅、安装活底、安装水阀与温度计……基本上，使用BIAB会略过洒水洗糟这个步骤，但仍会使用出糖来提高麦汁的流动性。

日期：201×．××．××

【批次总量】

　　BIAB仍属于全麦芽酿造的方法，但通常会使用在比较小的批次量，以求方便。在前面的全麦芽酿造中采用的是19升的批次量，这里的袋中糖化法BIAB，我们则缩小一半到约9升即可。

批次量9升

【麦芽配方】

浅色大麦芽：1.4千克

浅色到中等色度焦糖麦芽：0.1千克

【酒花Hops】

　　酒花可为啤酒带来苦味与香味，煮得越久越苦。

哈拉道[4%]7.5克煮沸60分钟

哈拉道[4%]7.5克煮沸20分钟

哈拉道[4%]15克煮沸5分钟

 简单的新手酒花拿捏法请见正文123页"全麦芽酿造"，详细的酒花讨论请见正文68页"酒花"。

【酵母Yeast】

　　选择酵母的品种。不同的酵母会对香气、酒精浓度与啤酒口感造成明显的影响。

Safale US-05

【糖化温度】

　　糖化温度的不同，会影响麦汁中糖分的组成种类，间接影响到最终啤酒的酒精浓度与口感，67℃可以酿造出大部分的啤酒风格。糖化时间基本上都以1个小时为准，请不要任意减少，详细糖化的目的、影响与原理请看正文166页"糖化，为酵母准备食物"。

67℃ 持续1小时

01 清洁器材
STEP

　　以袋中糖化法BIAB酿酒，一大优点就是器材少，糖化的过程只需要一个大汤锅加上大棉布袋即可，另外，记得再准备一支温度计来监测糖化温度。第一个步骤就是把器材洗干净，详细器材清洁请参照正文123页"全麦芽酿造"。

02 麦芽称重，碾碎麦芽
STEP

　　照着配方中的个别麦芽重量，称重后并混合（或是直接请麦芽供应商协助碾麦）。由于BIAB的过滤是靠布袋，并非借由麦汁的反复循环让麦壳形成过滤层（全麦芽酿造靠麦壳过滤），所以可以将麦芽碾细一点来使用。

若没有碾麦机，也没有请店家帮忙碾麦，该如何自行处理呢？不妨拿出酿酒人的浪漫情怀吧！改用玻璃瓶手动碾麦，虽然辛苦些，但想到点滴麦芽都是自己碾出来的，喝起来也会特别有感情。

03 袋中糖化
STEP

　　袋中糖化法BIAB的理念，就是要简化繁复的全麦芽糖化过程，所以在BIAB中往往省略洒水洗糟的步骤，取而代之的是以大量的热水进行糖化，并只取第一道麦汁。因此，起始水量要增加至等同于最终的麦汁容量加上煮沸过程的蒸发量。也因为如此，请找出家中最大的汤锅，以容量12~15升为目标，如果找不到够大的，那就缩小批次量（减少麦芽量与水量），或是分成两锅来浸泡。

1. 使用水量是12升，并加热到72~73℃。

2. 套上过滤网。

3. 接着，把总重1.5千克已碾碎的麦芽倒进去，一边倒，一边搅拌。均匀混合之后，温度大概会降到67℃左右，如果温度太高就加点冷水，温度太低就用燃气灶加热，然后注意过滤网底部不要直接接触锅底，以免烧焦。

4. 等到麦芽与水充分混合后的温度到达目标67~68℃时，盖上盖子，然后在锅子外面包上一些保温器材，以增加保温的效果。

5. 接下来，就可以到处闲晃啰！过了20分钟后，来确定一下温度

有没有下降太多，如果温度下降超过1~2℃，就直接以燃气灶加热并且再次搅拌均匀，等回到67~68℃，再盖上盖子。

STEP 04 出糖

等60分钟过去之后，就可以进入下一个阶段——出糖了。当水温越高，可溶解出的糖分就越多，麦汁的流动性也会上升，而且超过一定温度，淀粉糖化酶会失去作用，停止糖化动作。出糖的目的是把温度提升到76℃，要记住不要超过这个温度，以免溶出麦壳中的单宁，造成口感发涩。当麦汁到达76℃后，盖上盖子10分钟。

STEP 05 袋中糖化完成

把过滤网提起来，架住整个过滤袋，好让麦汁自然流出。此时，燃气灶便可以开始加热准备煮沸了，酿酒师可是得充分把握分分秒秒的时间！

袋中糖化法BIAB就是这么简单。

STEP 06 煮沸

在过滤收取麦汁之后，就要进行煮沸。煮沸的目的有很多，包括浓缩麦汁、让麦汁中的蛋白质凝结。但其最重要的目的还是除去麦汁中的细菌，让酵母可以在接下来的发酵时期独占麦汁来制造出啤酒。因此，煮满1个小时是很重要的过程，请不要想节省时间而任意缩减煮沸时间，很多高浓度酒精的啤酒，更要煮沸足够1.5小时才行。

1. 等麦汁开始沸腾，加入需要煮沸60分钟的酒花，并且开始计时。

煮沸的过程中，注意不要让麦汁溢出来，控制火力，让麦汁保持些微的沸腾程度即可，麦汁溢出除了会造成熄火的危险，烧干的麦汁也会黏在燃气灶上，造成清洁困难。

此外，请勿盖上锅盖，这样会让麦汁蒸发出来的二甲基硫醚（DMS）凝结在锅盖上，进而流回麦汁之中，造成啤酒中出现煮过的蔬菜或熟玉米的味道，影响到啤酒的风味。

2. 煮沸的最后10分钟，加入角叉菜胶（Irish moss）作为澄清剂，使用比例约为3克/19升即可。第一次酿酒可以忽略这部分，因为添加与否并不会影响啤酒的味道，只是会让啤酒看起来相对清澈而已。

3. 请根据你的酒谱，在煮沸的最后5~20分钟加入第二次酒花。此时加入的酒花会产生部分苦味，也会保留部分的酒花香气在啤酒之中。在煮沸的最后0~5分钟，加入第三次酒花，此时加入的酒花由于煮沸的时间短，会保留下更多酒花香味漂浮于啤酒之上。如果酒谱标注了某种酒花煮沸的时间是0分钟，这代表加入酒花的同时，要关火结束煮沸动作。

1 投入需要煮沸60分钟的酒花
2 最后10分钟投入角叉菜胶
3 投入最后阶段的酒花

 角叉菜胶又称为卡拉胶，提炼自红藻。广泛应用在食品、医药生产之中，可以在化工材料行买得到。由于已经精制过，所以市售的角叉菜胶是呈现白色的粉末状。使用时可直接撒入煮沸锅中，或是取出一小碗热麦汁，先与粉末搅拌均匀后再倒入煮沸锅，如图2所示。

07 测量比重值

STEP

煮沸结束前，取出部分麦汁（50~100毫升，视使用的量筒大小而定），使用比重计来测量比重。在使用比重计时，得先让麦汁的温度冷却到与室温差不多以求得正确的读值，否则，就需要在测量麦汁温度后，查询温度补偿表，以得到正确的比重值（详细请看正文103页"糖度测量工具"）。

另一种方式则是使用折射型的糖度计，只要少少的一两滴麦汁，就可以测得麦汁的糖度值。由于一小滴麦汁降温极快，因而不需要在意麦汁测量时的温度，只要将麦汁以汤匙滴在反射玻璃屏上，盖上上盖对准光源，即可取得麦汁的糖度值（Brix）。这种测量方法迅速又精准，还能免去等待的烦恼，实在很难有理由不买这样方便好用的工具。

使用比重计进行测量

◎ 在煮沸结束时，测量到的麦汁浓度，我们会用一个专有名词OG（Original gravity）来表示。OG中文译为"起始比重"，代表的是酵母在发酵前得到食物（麦汁中的糖）的浓度。酵母的食物拿到越多，其能吸收消化产生的酒精浓度就越高，当要制作高酒精浓度啤酒时，第一个要面对的，就是提高OG的值，简单来说，就是增加麦芽的使用量，让麦汁越甜，食物越多，最后酒精浓度也会越高喔。

◎ 在发酵结束后期测量到的比重值，我们会用专有名词FG（Final gravity）来代表。FG中文翻译成"结束比重"，代表发酵后残留在啤酒中的糖分所造成的比重值。要知道酵母并没有嘴巴，而是靠扩散作用让糖度进入酵母体内再分解使用，所以当糖度的浓度低于一个比例，酵母就吃不到这些糖了。不同的酵母有不同的吃糖能力，详细请见正文52页"酵母Yeast"。FG最重要的功能就是可以得知发酵有无结束，进而推算最后啤酒的酒精浓度，这部分我们留待后面的章节讨论。

◎ 糖化过滤与洗糟完成后，我们就得到了所有的麦汁，在煮沸之前，也可以先测量煮沸前的比重，这些测量到的数值可以留作记录，以供日后参考。你会发现煮沸后的麦汁比重提高了，尝起来也比较甜，这是因为煮沸的过程水蒸气会蒸发，所以麦汁会有浓缩变甜的效果。

08 STEP 消毒

当麦汁的煮沸过程接近尾声前，再开始消毒器材。消毒的关键点在于：只有煮沸后麦汁会接触到的器材才需要消毒，并非从头到尾过程中所使用到的器材都需要消毒。由此可知，糖化锅这种煮沸前的器材是不需要消毒的，只要洗干净即可。

消毒前，必须确保所有器材皆已清洗干净，如果锅子或发酵桶里有脏污，再怎么消毒都是白费功夫。而消毒是啤酒酿造中非常重要的一环，必须将会接触到煮沸后麦汁的所有器材，一一以消毒剂消毒或是沸水煮沸。麦汁冷却器（热交换器）也要消毒，请在煮沸的最后5分钟，把冷却器放入煮沸中的麦汁一起煮沸消毒，或是直接以消毒剂消毒。

发酵桶与桶盖都要消毒，耐热的硅胶垫部分可以拆下来，并使用煮沸法来进行消毒。

 消毒剂的选择有很多种，请参见正文195页"清洁与消毒"，新手不妨选择75%的酒精来作为消毒剂。

09 STEP 冷却

煮沸结束后，快速冷却可让沸腾的麦汁快速地度过适合细菌大量繁殖的温度区间，也可以让酒中的蛋白质因急速降温而凝结，这样就能得到较清澈的酒体。一般来说，以19升的麦汁为例，以能在15~30分钟冷却完毕为佳。

因希望酒花渣与蛋白质渣沉淀于锅底，所以不要搅拌冷却器，并记得盖上锅盖，虽然锅盖无法完全密闭，但仍可以尽量减少空气中灰尘进入麦汁中的机会。

没有麦汁冷却器的人不妨使用冷浴的方式，准备一个更大的脸盆，或是直接以厨房的洗手槽注满水，加入冰块后将煮沸锅放置其中，并记得加上锅盖，以防灰尘进入麦汁中。

(10)STEP 转移到发酵桶

　　冷却完成的麦汁，就要舀进（倒进）发酵桶中，如果能使用虹吸管来传送麦汁会更佳。由于这时候麦汁已经冷却完毕，请记得把所有会接触到麦汁的物品，包含发酵桶、勺子、上盖等全部彻底消毒一番。

　　转移麦汁的动作要轻柔，此时，在煮沸锅底部还有很多热凝固物、冷凝固物与酒花的沉淀物，而我们只想转移清澈的部分到发酵桶中。剩下的底渣留起来待冷却后放入冰箱冷藏，隔几天后，仍会有部分清澈的麦汁与底渣再度分层出来，便可以轻易地分离出清澈麦汁，可经再度煮沸后，拿来培养下次酿酒用的酵母，一丁点都不浪费，完全就是个克勤克俭的家庭酿酒师。

使用虹吸管来传送麦汁

(11)STEP 充分冷却

　　麦汁需经充分冷却到接近适宜的发酵温度，某些啤酒类型甚至得降温到比发酵温度更低的情况下才投入酵母（详细请见正文52页"酵母"）。因为麦汁冷却器的原理是应用自来水来降温，因此，最多只能降到接近室温的状态。而台湾地处亚热带，一年约有一半的时间室温超过25度，如果有冰箱，不妨先把冷却后的麦汁放入冰箱充分降温后再投酵母。如果没有冰箱帮忙（如冰箱装不下），也可以先略过这个步骤，等日后有更好的设备再来精进酿酒流程。

STEP 12 充氧

充足的氧气是酵母在发酵初期所必需的元素，麦汁在发酵桶内充分冷却后就是充氧的最佳时机。此时的发酵桶内装满了麦汁，重量动辄20~25千克，千万不要把桶抱离地面，万一失手打翻或打破了发酵桶可就糟了。我的建议是把上盖盖紧，稍稍倾斜发酵桶，以地面为支点进行左右摇晃的动作，持续1~2分钟即可。要注意施力的角度，别把自己的腰给扭伤了。

1 完成充氧的发酵桶与麦汁，这时可以看到麦汁上面有一层泡沫
2 请先以消毒剂喷洒整包干酵母（约11.5克）的外包装，静待10~20秒后撕开
3 将酵母倒入发酵桶中

STEP 13 投入酵母

充氧后需立即投入酵母。如果第一次实操，请先以消毒剂喷洒整包干酵母（约11.5克）的外包装，静待10~20秒后撕开，直接放入发酵桶内。

或者是以100~200毫升的温水先行活化酵母，也就是拿个消毒好的密封罐把温水与酵母先行混合并摇匀，静置30分钟后，再将酵母倒入发酵桶中，并迅速盖起上盖。

记得在过程中不要讲话，也不要打开发酵桶的盖子太久，以免徒增杂菌污染的机会。接着，把发酵桶搬入发酵用的冰箱，把出气用的管子插入水瓶中，若是选择使用气塞法，则请把适量的水注入气塞中，调好温度（18~22℃），就可以安心等待发酵的完成。这需2~3星期的时间，然后，你的自酿啤酒就完成了！

新手的酵母选择

第一次酿酒，请选择在比较容易买得到的干酵母，小小一包都已经分装好了，基本上就是一次酿酒（19升，5加仑批次量）所需要的量，其内容物与面包用的粉状干酵母长得一模一样，呈现细小颗粒粉末状。干酵母由于已经干燥化，对于储存环境并没有太严格的要求，就算是远渡重洋来的，其活性也不会太差，平常就丢进冰箱保存即可，有些时间无法低温保存也不会影响太大。但由于不是每一种酵母品种都能熬过干燥化的过程，所以干酵母可以选择的酵母品种相对较少。相反的，液态酵母的品种选择就很多，由于品种多，使用液态酵母能做出更具特色的啤酒（许多啤酒风格的风味特性都来自于特殊品种的酵母），但因其需低温保存，在运送过程中的温度变化很容易让活力大减，尽管现在买得到进口货，甚至也出现了当地的液态酵母供应商，但由于液态酵母最好先做酵母扩培（请参阅后面章节），以确保有足够的酵母活性后再使用，对于新手来说，还是建议先使用干酵母为佳，液态酵母则是进阶后的好选择。

干酵母即便品种较少，但对新手来说，也会看到眼花缭乱。第一次酿酒建议使用Safale US-05，这款干酵母属于美系酵母，低温下发酵出来的风味干净（<17℃），正常温度（18～21℃）发酵下果香味明显，就算发酵温度过高（>23℃），其高级醇的产量也不会像某些酵母品种般多到吓人。高级醇太多的啤酒会有明显的酒精味，喝起来容易头晕目眩而醉酒。其糖度的消耗能力中等，酵母的沉降速度也不算快，会乖乖完成发酵后再去休息，是非常适合新手使用的酵母。

此外，像是Danstar Nottingham酵母（上图右）也具有类似的特性，一样适合新手。

发酵与装瓶

投入酵母之后，所需的就是等待了，俗话说："酿酒师准备麦汁，酵母产生啤酒。"这个发酵的时间要2~4星期，请大家保持耐心，不要太紧张，你的啤酒真的没问题。其实就算有问题，你也无能为力啊！

发酵

发酵的阶段乍看帮不上什么忙，完全得靠酵母自己加油努力；但我们还是有些事情可做。例如，仔细留意发酵的状态，像是温度、冒泡状况与麦汁的颜色变化，足以得知发酵过程中的许多事情。

以下根据不同的时间阶段列出相对的注意事项。

期间一：一至两天

注意气塞有无冒泡。如果你使用的是玻璃发酵桶，应该会看得到有小气泡自发酵桶的边缘浮出，这段期间的气塞冒泡状况不一定很多、很连续，但只要在发酵桶壁看到上浮的小小气泡，就代表没问题。

如果气塞没有动作，原因可能是发酵桶上盖没有密封妥当，这不碍事，有点松总比

由于发酵过程中，酵母吃糖会产生酒精与二氧化碳，所以这个过程将产生大量的气体，所以发酵桶的设计上会有一个将二氧化碳排出发酵桶，而且又不让外界空气进入的小装置，这就是气塞。发酵的过程中，会一直有气泡从气塞离开发酵桶，那就是酵母产生的二氧化碳。

锁得太紧打不开要来得好（我就曾发生过打不开的糗事）。另外一个气塞没动静的原因，是因为发酵还未开始，但如果你这时看到麦汁的上缘浮着泡沫就不用担心，在我的经验里，就算酵母量不足，发酵都会进行，不用过于惊慌。

期间二：一星期

这个时间是主发酵进行期，有些状况下，会发现主发酵已经结束，像是投入酵母时，麦汁温度过高（大于30℃），或是环境温度太高，温度控制不佳，都会导致酵母过度兴奋，于是很快就完成主发酵而沉降到底部。酵母在高温下工作会产生更多的副产物，导致啤酒的风味不佳。

如果这时的气塞还在持续冒泡，表示酵母仍然继续工作，这是正常该有的状况。

期间三：两到四星期

正常来说，此时主发酵已经结束，但也有可能气塞还在冒泡。若气塞还在冒泡，表示发酵还在进行中。这种发酵时间拉长的主因是酵母投入的量不足，或是酵母不够健康（买来的酵母已经存放了一段时间）而产生的结果；或者是发生在酿造高酒精浓度的啤酒时，因为麦汁的起始浓度很高，酵母的总工作量大，发酵时间也会比较长，这种情形属于正常范围。当气塞还在冒泡的时候，请不要急着装瓶，继续观察下去。

要是气塞不再冒泡，表示主发酵已经结束。你可以观察到上半部分啤酒的颜色越来越清澈，而露出原来这批麦汁该有的深浅色调，酵母也沉降到底部，之前煮沸时的部分麦渣、热凝固物与冷凝固物，都会在发酵桶底部形成明显的分层。

如果想要干投酒花，此时便是最佳时机，我们可以直接在主发酵桶里进行，也可以用虹吸管转移到第二个发酵桶来进行。干投酒花的讨论，请见正文68页"酒花"。

期间四：两到四星期后，气塞不再冒泡

等待至少两星期后，当气塞不再冒泡，就要来测量比重。当连续三天都测量到一样的比重值，则代表发酵工作确定结束，就可以进行装瓶。

酒精浓度的计算

前面曾提及，发酵结束期量到的比重就是FG（Final gravity），我们译为"结束比重"。当酵母吃完了绝大部分能吃的糖分后就会休息，此时，啤酒中仍然有部分的残糖，这些残糖就以FG来呈现。当FG越高，理论上喝起来会越甜；当FG越低，喝起来越干爽不甜。而酒精浓度的计算就是使用OG减掉FG的数值再代入公式来计算，我们并不使用市面上买得到的酒精计来计算啤酒的酒精浓度，那些酒精计是拿来测量高酒精浓度的蒸馏酒用的，使用在啤酒上会得到错误的读值。关于酒精浓度的测量，我们可以使用网络上的免费计算机来计算（用"Homebrew alcohol calculator"来搜寻即可找到），或是使用简单的口诀计算法：

1. 先将起始比重值OG的后两位数字拿出，例如，量测到1.050的比重值，就取50。
2. 将这两位数字除以4，就得到大略的糖度值Plato：50/4=12.5。
3. 将结束比重值FG的后两位数字拿出，例如，量测到1.012的比重值，就取12。
4. 同2，将其除以4，就得到大略的糖度值Plato：12/4=3。
5. 将两者的糖度值Plato直接相减，就得到酵母消耗掉的糖分：12.5－3=9.5。
6. 将酵母消耗掉的糖分除以2，就得到粗略的酒精浓度估值：9.5/2=4.75。

这样粗略的计算法可以快速地推算出酒精浓度，非常好用。推算出来的酒精浓度会比实际上用公式计算的要低一点，所以用粗略的计算法再补一点点上去即可。在此，我们以起始比重OG1.050，结束比重FG1.012来计算：

用公式推算－酒精浓度ABV：4.99%
粗略法推算－酒精浓度ABV：4.75%

粗略法推算酒精浓度是不是非常方便？实际上的精确度也还可以，只要多算几次，就可以用心算来快速求值啰。

装瓶

对于家庭自酿新手来说，为第一批酒装罐是非常令人兴奋且有成就感的事。装瓶的步骤关系到啤酒最后的成功与否，使用的空瓶首重清洁，任何的脏污都会让消毒步骤失去作用，进而毁了你的心血结晶。

准备空瓶

可将家中喝完的啤酒空瓶洗干净，留下来使用，这种喝酒之余还能做环保的感觉挺不错的。但要养成每次倒出啤酒就立即冲水洗瓶子的习惯，不然，啤酒瓶很快就会变黑发霉，形成刷也刷不掉的瓶底残渣。如果没有之前留下来的干净空瓶，不妨直接向自酿啤酒器材专卖店购买全新的空瓶。

检查空瓶

拿着空瓶对着光检查底部，任何有底渣刷不干净的瓶子都不该使用，请再认真刷除或是直接丢弃。接着检查瓶身，任何瓶身或瓶口有裂痕的酒瓶都应该抛弃不用。要知道，酿一批啤酒动辄数星期到两个月，没有必要为了省钱而因小失大。

清洗与消毒

把检查过的空瓶洗净后消毒。洗净空瓶是最基本的清洁工作，平常就事先清理好并将空瓶倒扣备用，最为方便。但消毒则在装瓶前才进行（提前几天消毒没有任何作用），消毒的方式可以使用热水煮沸、置入电锅以蒸气消毒，或是直接喷洒消毒剂（使用建议的安全消毒剂），并在消毒完成后，无需等待就立即装瓶（就算里面有些许消毒剂也无妨，只要尽量倒掉即可）。

将所有会接触到发酵后啤酒的器材喷上消毒剂

使用正确数量的后发酵糖

　　使用太少或太多的后发酵糖，会导致啤酒的气量过少或过多，是新手常发生的问题。成功的诀窍首先是要确保主发酵全部完成（酒中没有额外的残糖），并放入正确数量的后发酵糖（1升的啤酒，根据不同的啤酒风格，使用3~7克的糖），也就是直接称好的糖量加入空瓶中，再进行装瓶。另外，很推荐先煮成糖水再与酒液搅拌均匀后装瓶的方法，这样便能省去一瓶瓶称重的麻烦。

使用全新的瓶盖并完整消毒

　　不要使用回收的瓶盖，因为旧瓶盖多半已经变形会产生漏气的危险，新的瓶盖在各大自酿啤酒材料行都买得到，使用前也记得一一消毒。通常来说，新瓶盖都很干净，以消毒剂消毒后直接装瓶即可。

正确储存装瓶好的啤酒

　　装瓶好的啤酒请先行保存在室温下2~3星期的时间，好让瓶中的酵母菌消耗糖分，并产生所需要的二氧化碳，这样开瓶后就会有足够的气泡，这种方式称作"瓶内发酵"。等到室温储存的啤酒有了足够的气泡后，就可以大口享用了。如果冰箱内有足够的空间，也可以在瓶内发酵完成后，将啤酒放置在相对低温的环境。一般来说，12~15℃是良好的熟成温度，但如果放置在冰箱冷藏中（约4℃）也可以。

主发酵全部完成，有几个要点可以参考：

· 主发酵时间要足够，通常以两个星期为基准。

· 不要完全参考气塞有无冒泡，因为你的盖子可能没锁紧而导致漏气。或是发酵尾段的气泡量很少，而导致没有冒泡。

· 两星期后，开始测量发酵中啤酒的比重，连续三天比重值没有减少，便可以视为发酵完成。记得打开发酵桶时要小心，动作迅速准确，以降低感染风险。

装瓶过程

将所有会与啤酒接触的器材充分消毒

↓

将发酵桶中的啤酒以虹吸管抽到装瓶桶，这个步骤要非常轻柔小心，避免啤酒因与空气过多地接触而氧化。千万不要直接将酒液倒进装瓶桶，这会造成啤酒与大量空气的接触，而产生严重的氧化风味

↓

此时，将煮成糖水的后发酵糖（已冷却），小心地倒入装瓶桶，再轻柔地均匀搅拌（或者直接将糖称好，加入空瓶内）

↓

锁上装瓶管，将已经消毒完成的啤酒空瓶从瓶底注入啤酒，尽量将瓶子装到最满

↓

压上已经消毒完成的瓶盖

↓

完成了，你接下来就只要等待两星期就有啤酒喝啰！

以虹吸管将啤酒抽出来

以装瓶管将啤酒装入酒瓶中

以压瓶器压上瓶盖，便完成了！

尽量将瓶子内啤酒装到最满，能有效减少瓶子中瓶颈空气的残量。尽量装满与是否会爆瓶无关（这跟你后发酵糖的量，以及主发酵有无完成才有关联），但可以有效地减少瓶内空气量，以延缓啤酒在陈年过程中的氧化作用，让酒的保鲜期延长。

瓶内发酵、后发酵糖与泡沫多寡

对于家庭自酿者来说，运用瓶内发酵来产生气泡几乎是唯一的方式〔使用生啤酒桶／可乐桶（KEG）的强制充氧属于进阶方式〕。瓶内发酵的原理在于让啤酒中保有活的酵母菌，而在装瓶时添加新的糖分（后发酵糖），则可以让酵母菌继续在密闭的瓶中吃糖，并产生二氧化碳，这些增加的气体将成为啤酒倒出来时的泡沫层。

简而言之，控制后发酵糖的数量，就能控制啤酒泡沫层的多寡。后发酵糖的控制，是自酿新手最容易碰到问题的关卡。糖量太少，会导致啤酒泡沫太少，喝起来比较黏腻，少了那种在口腔内跳动的愉悦感；糖量太多，会导致啤酒泡沫太多，喝起来口感偏薄，没有酒体的重量感。而且当泡沫太多时，可能会因为瓶中压力过大，造成恐怖的爆瓶事件，这也是自酿者最不想碰到的危险状况。我建议使用以下的后发酵糖添加准则：

以总批次量19升来计算（请根据你的批次量来调整）：

后发酵糖总重量	约产生的二氧化碳气量	适合酒款
85克	2volume	深色的波特/世涛或棕色爱尔啤酒
100克	2.25volume	大部分的酒款皆适合
115克	2.4volume	淡色的比尔森与大部分的比利时啤酒

新手请直接以2.25volume的二氧化碳作为标准，再根据实际状况进行微调整。另外，要制作高气量的比利时啤酒时，一定要选用无瑕疵且厚壁的玻璃瓶才行，以避免高气量可能造成的爆瓶危险。挑选时，越重的瓶子越好。

后发酵糖的选择

　　后发酵糖使用市售的白砂糖即可，其优点是不会影响啤酒本身的风味，又能产生足够的气泡，无需多花钱购买相对昂贵的葡萄糖。后发酵糖的用量很少，对于啤酒风味的影响极微，使用不同的后发酵糖对于风味的帮助不大，但却要冒着啤酒泡沫可能过少或过多（不同糖种内可被酵母菌使用的糖分比例不同，例如蜂蜜），以及啤酒污染的风险（蜂蜜中有其他菌种），再加上部分糖类称量困难（蜂蜜与浓缩果汁的黏稠性），这些变因都会让你酿造的啤酒毁于最后的这个步骤，甚至造成意外，得不偿失。

 更多糖的讨论与啤酒风味的影响，请参考正文23页"麦芽"和81页"酿啤酒的副原料"。

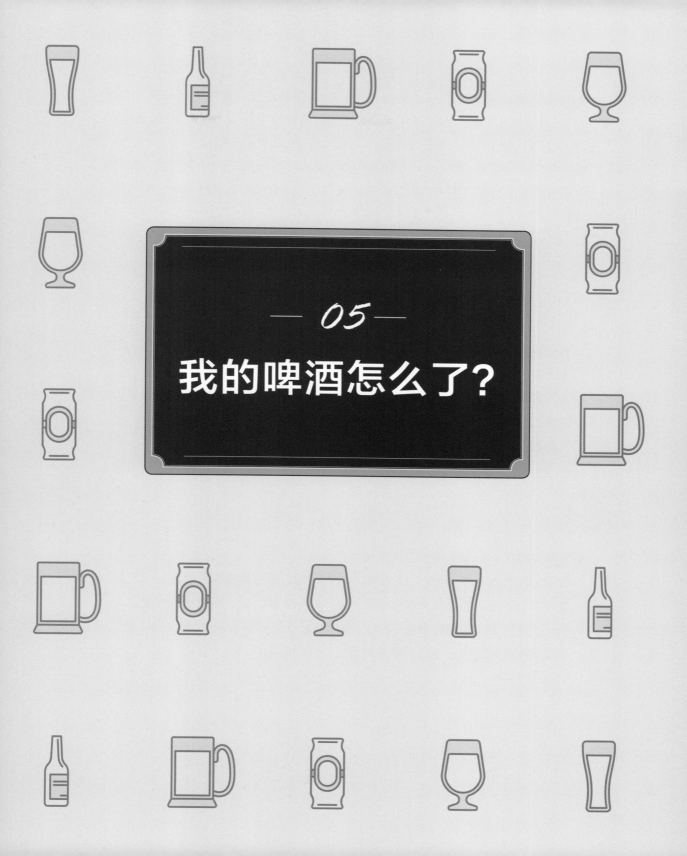

—05—

我的啤酒怎么了?

　　头几次酿酒总是非常紧张，常会有"怎么昨天投酵母，但今天却没看到气塞冒泡？""怎么气塞才冒泡一天就停止了，会不会酵母死掉了？"之类的问题。但其实绝大部分的结果都是没问题，真的没问题！一定要对自己的啤酒有信心。

　　能酿出自己的啤酒是件非常有成就感的事，但酿了几批后，往往会发现"怎么跟市面上一些有名的经典啤酒不同，而且常常还觉得味道怪怪的？"这些风味上的问题，该如何找到解决的方法呢？

　　以下整理出常见的自酿问与答：

 ## 麦汁没有发酵？气塞没有冒泡？

- 酵母投入的数量不足，再多等几天。
- 麦汁温度高于55℃（酵母死亡）。
- 麦汁温度过低（拉格酵母低于5℃，爱尔酵母低于10℃），请提高发酵温度。
- 发酵已开始，但因为发酵桶密封不严实，于是看不到气塞有冒泡的样子。
- 发酵已经完成了（发酵桶麦汁上缘会有一圈痕迹）。

 ## 发酵停止了？气塞之前有冒泡，但现在停止了？

- 发酵完成了（测量比重确定发酵是否已完成）。
- 投入的酵母数量不足，所以发酵根本没有开始，或正缓慢进行中。
- 麦汁充氧不够，最终导致酵母数量不足，酵母发酵力竭，所以提前结束。
- 麦汁温度过低（拉格酵母低于5℃，爱尔酵母低于10℃），请提高发酵温度。
- 酵母太早凝聚沉降（搅起沉降的酵母也许有帮助）。

涩味

- 浸泡麦芽时，放入了太多的水（水麦比例超过6.6∶1）。
- 糖化的温度太高（麦芽与水混合后，超过80℃）。
- 洗糟时使用了太多的水，或洗出的麦汁比重低于1.008，或者pH高于5.8。
- 洗糖时，混合后的水温太高（超过80℃）。
- 干投酒花的时间太长，超过一至两星期。

 ## 尝起来酸酸的

- 杂菌污染，请小心消毒所有可能接触到煮沸后麦汁的器具。
- 使用太多深色麦芽且浸泡过久，请晚点加入深色麦芽，或调整水质（新手不宜尝试)。
- 使用带有酸味的原料（如红莓或蓝莓）。
- 糖化时间过长，且温度降到50℃以下。

 ## 有奶油味，严重时会有点像奶腥味

- 酵母产生了太多双乙酰，可能是发酵尾段温度过低，请提高发酵温度，让酵母将其分解。
- 酵母品种的特性，有些酵母品种会产生较多的双乙酰。
- 杂菌污染。
- 太早装瓶，啤酒还太年轻，酵母需要时间将双乙酰分解掉，这样奶油味才会消失。
- 在英式的爱尔啤酒中，些许的双乙酰风味是可以被接受的。

Homebrew

太多果香，尤其是有香蕉的味道（酯）

· 发酵温度过高，请依酵母的建议发酵温度来发酵。

· 投入酵母的数量不足，请增加投入酵母的数量。

· 酵母株的特性（某些比利时爱尔酵母产生的酯类比较多，德国小麦啤酒爱尔酵母天生就有香蕉酯的风味），如果觉得这种风味多到喧宾夺主，那就试着用别的品种酿酿看。

药水味

· 杂菌污染。

· 水质有问题，是用了山泉水吗？请直接使用自来水，或过滤过的自来水。

醋味

· 醋酸菌污染，请注意妥善消毒。

· 某些啤酒类型允许适度的醋酸味，例如柏林小麦或法兰德斯红爱尔。

麦汁颜色比预期得还要深

· 煮麦汁时所造成的上色效应（美拉德反应），其实加了些许这种风味还挺不赖的。

· 烧焦了，倒入麦芽膏时要搅拌均匀。

 **导出麦汁时塞住了**

- 过滤麦汁时，一开始流速过快，接着就阻塞了。把水阀关小一点以降低流速或许可改善。
- 麦芽碾得太细，下次碾麦放粗一点试试看。
- 使用过多的小麦或裸麦（都无麦壳），可加入干净的稻壳来改善过滤速度。
- 过滤系统设计不良。

 起始比重（OG）偏低不如酒谱配方预期（糖化效率偏低）

- 麦子碾得不够细，下次碾麦碾细一点试试看。
- 糖化还未完成即导出麦汁，记得糖化温度要够，时间要充足。
- 收到的麦汁量太少，你是不是忘记洗糟？是不是水量计算错误？
- 糖化锅设计不良，底部有太多空间积存麦汁流不出来。
- 水质过硬不利于糖化，请改用过滤后的软水试试看。
- 麦芽膏与水没有混合均匀。
- 糖化时水用太多而导致稀释过头，水的用量虽然不用分毫不差，但差太多也是不行的。

结束比重（FG）偏高

- 酵母株特性，部分英国酵母的吃糖能力比较低，造成残糖较高，结束比重就会偏高。
- 糖化温度过高（超过70℃），想想看，这是配方上注明的糖化温度吗？
- 麦芽配方中的焦糖麦芽比例偏高，焦糖麦芽中有部分的不可发酵糖，会残留在酒中。
- 主发酵未完成，有发酵到两星期吗？有在建议的温度下发酵吗？有投入足够多的酵母吗？
- 所有前面提到造成"发酵停止了"的原因。

 ## 啤酒浑浊

- 麦芽配方中使用较高比例（>20%）的小麦。
- 酵母的特性导致啤酒浑浊。如果选择的酵母沉絮性低就会这样，详细请见正文52页"酵母"。
- 麦芽过滤残渣太多，下次请尽量滤得干净一点。
- 煮沸时间太短或者沸腾的程度不够，导致酒中蛋白质过高。
- 瓶内发酵未完成，酵母还未沉降，放久一点会有帮助。
- 杂菌污染。

 ## 泡沫不持久

- 杯子不干净，杯子沾有细屑会影响泡沫的维持度。
- 麦汁中的蛋白质不够，试着在麦芽配方中加入一点点小麦芽以增加蛋白质。
- 蛋白质休止（糖化温度50~55℃）时间过长，或根本不需要进行此动作。
- 杂菌污染。

啤酒表面有白白的东西

- 也许只是酵母或是麦渣。
- 杂菌污染。

瓶内发酵后的啤酒没什么气

- 装瓶后，放置的地方温度太低，是直接放在冰箱里吗？把装瓶的啤酒移到温度较高的地方进行瓶内发酵。两个星期后才移入冰箱低温饮用。
- 瓶内发酵还未完成即开瓶，请给它多一点时间。
- 装瓶时，发酵糖没有充分混合均匀，要小心有些瓶可能糖分过高，会爆瓶。
- 忘了加后发酵糖吗？
- 瓶内的酵母数量不足（可能性很小）。

有乳酪味

- 可能酒花放太久或是酒花没有好好保存所致，酒花请放在冷冻库保存。
- 某些酵母菌种特性会产出比较多酚类，会让人联想到跟乳酪有关系。
- 杂菌污染。

有溶剂味／酒精味

- 发酵温度偏高，产生过多的高级醇，让人联想到这种味道。
- 高比重的麦汁。

臭鼬味或汗臭味

- 啤酒受到阳光的照射（发酵桶请隔光，装瓶后需小心阻绝阳光直射）。

有熟水果的味道（氧化）／有纸板的味道（氧化）

- 发酵后期或熟成中的啤酒与大量的空气接触。
- 不必要的转桶，导致啤酒翻搅并接触空气。
- 装瓶时飞溅，接触到过多空气。
- 淡色的美系啤酒装瓶后，放室温几个月后自然氧化，导致过熟水果风味，严重时会有纸板风味。
- 淡色的啤酒氧化初期会出现蜜糖味、蜂蜜味。

有雪莉酒的味道（氧化）

- 属高酒精浓度的啤酒经过长时间储存，自然氧化结果。
- 经常出现于深色啤酒中

瓶子内沉淀物过多

- 过多沉淀物进入瓶中，装瓶前先让啤酒澄清（降温或延长主发酵时间或换桶）。
- 自酿啤酒由于使用瓶内发酵，少量沉淀物是不可避免的。储存请直立放置，倒酒时，注意不要把沉淀物部分倒出即可。

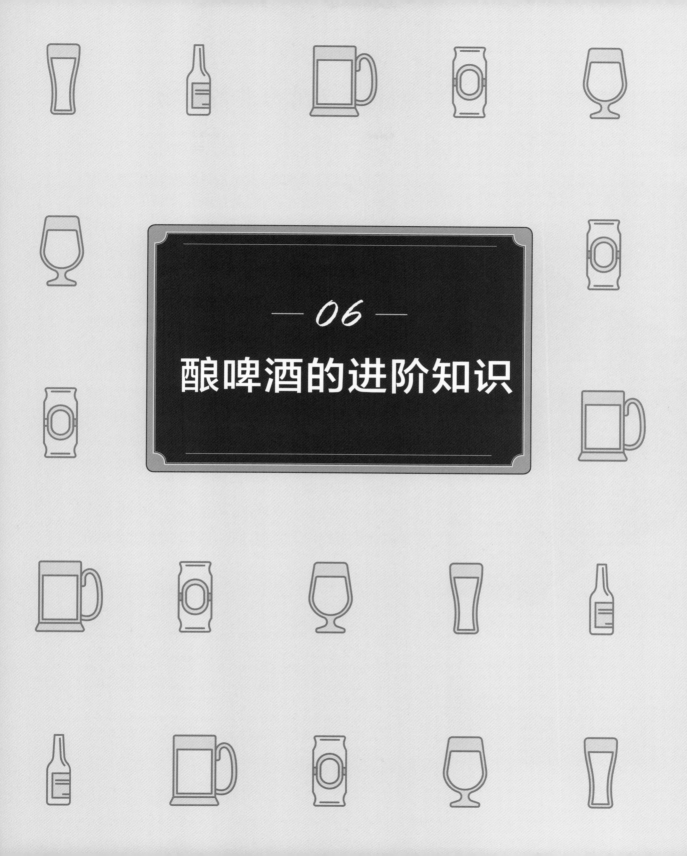

—— *06* ——

酿啤酒的进阶知识

糖化，为酵母准备食物

　　酵母是真菌家族的一员，是靠细胞膜的扩散作用来吸收养分，只能吃单糖（葡萄糖）、双糖（麦芽糖）与麦芽三糖这三种型态的糖分。而麦芽中所包含的长链淀粉是无法直接让酵母食用的，因此，我们必须借由"糖化"这个步骤来分解淀粉，方便酵母消化吸收。

　　"糖化"指的是将碾碎的麦芽与热水混合后，利用麦芽内部的糖化酶，将麦芽中的淀粉分解为短链糖的过程。麦芽中因为含有分解淀粉的酶：α–淀粉酶，以及β–淀粉酶，两者会在不同温度区间中各自发生作用。正因为如此，糖化时的热水温度会影响糖化过程的结果：不同的糖化温度会得到不同的糖类比例。简单地说，当糖化温度偏低（60~64℃）时，会产生较多的可发酵糖，糖化温度越高（68~72℃），则会得到较多的不可发酵糖。

　　当麦汁所含的可发酵糖比例越高时，得出的啤酒成品会偏向清爽不甜腻的口感，因为这些糖分会在发

可发酵糖与不可发酵糖的定义在于"酵母能不能拿来分解"？这边提及酵母只能吃单糖、双糖与麦芽三糖，不属于这些结构的糖类就无法被酵母使用，但我们人类的舌头仍能感受到这些不可发酵糖的甜味。所以，这些酵母无法分解的糖分会残留于啤酒中，我们喝起来就会觉得比较甜。由于甜味是人类舌头寻找的能量来源，因此，大脑会觉得这啤酒内有好东西，会联想到比较丰富的风味，也会有酒体比较饱满的感觉。

酵过程中被酵母给消耗殆尽；反之，若不可发酵糖的比例越高，则成品会因为更多的糖分残留在酒里，酒质更趋饱满黏稠。糖化的时间与温度有很多种选择，从半小时到数小时皆有可能，有些方式甚至需要熬煮麦芽来进行糖化，但在一般情形下，我们会以60分钟作为标准糖化的时间。

糖化酶

我们拿来酿酒的谷物属于植物的种子，植物的母株在种子内贮存了足够的养分，以利种子在适当环境下发芽并成长，这些养分是以自然界中很有效率且稳定的淀粉型式存在的。当春天来临，谷物启动发芽的过程，产生根芽与糖化酶来分解淀粉，以转换成糖类，让细胞能够直接获取所需的能量，接着就是长大成新的植株，让植物繁衍一代又一代。

早期人类从反复经验中，得知发芽过的麦子才能酿成带有酒味的液体，喝来让人欢愉轻松不已，所以开始走上种植大麦与酿酒的不归路，开启了啤酒文化与历史的巨轮。早期的酿酒师借由人为手段来诱使大麦发芽，接着烘干麦芽让细胞死亡，其内的糖化酶因干燥而活动停止，烘干的同时也去除掉麦根，再将之储存起来。等到酿酒师要开始酿造啤酒时，再让糖化酶的动作继续进行。而重新启动此神奇过程的关键就在于：

"碾碎麦芽，再混入适当温度的热水"，也就是此处要讨论的"糖化作用"。

因应谷物的生长所需，麦芽内包含有许多的酶类型，而每种酶都有不同的功能，团队合作把淀粉转换成糖。而酿酒师们就借助了这些酶，将原本种子要拿来成长之用的能量用来酿造啤酒。下表列出麦芽中主要包含的酶种类：

酶名称	活跃温度/℃	建议pH	酶功用
植酸酶	30~52	5.0~5.5	降低糖化环境的pH值
β-葡萄糖酶	35~45	4.5~5.5	破坏麦芽外部的糊粉保护层
蛋白酶	45~55	4.5~5.5	分解大分子蛋白质
肽酶	45~55	5.0~5.5	产生游离氨基酸氮
β-淀粉酶	60~65	5.2~5.8	淀粉转化为麦芽糖
α-淀粉酶	60~70	4.5~5.5	淀粉转化为多种糖（包含不可发酵糖类）

温度区间与酶作用

当麦芽与水混合的瞬间，不论水温高低，酶作用就已经展开了。即便是在室温下，糖化作用也能缓慢地进行。

接着，我们由相对低温到高温来解释酶作用的内容：

40~45℃
酸休止

我们先来探讨在45℃十分活跃的两种酶：植酸酶与β-葡萄糖酶。植酸酶会降低整体的pH，创造出适合其他酶工作的环境。但在现代的酿酒过程中，由于能妥善控制麦芽与水量的比例，在大部分的情况下，糖化过程的pH都可以控制在合宜的5.0左右，所以植酸酶的作用对现代的酿酒师来说意义并不大。而另一个β-葡萄糖酶则是应用在破坏麦芽的糊粉层，这项工作在麦芽厂将麦子进行发芽时便已处理完成，除非你的麦芽配方中含有大量的未发芽谷物（像是燕麦与未发芽小麦）才需要额外操作此动作。但由于大量未发芽谷物的配方其实并不多，绝大多数可以省略45℃糖化步骤。

50~55℃
蛋白质休止

活跃于50~55℃的两种酶，基本上都与分解蛋白质有关。分解掉过多的蛋白质可降低啤酒的浑浊现象，再加上分解蛋白质时产生的氨基酸也是酵母必需的营养素之一，既然有这么多好处，我们似乎应该认真进行蛋白质休止这项工作?

但由于多数酿酒用的大麦品种，其蛋白质含量比一般饲料用的大麦要来得少，再加上现代发麦技术进步，麦芽中的蛋白质在大麦发芽的过程中，就会被适度分解，并控制在理想的11%左右，因此，让蛋白质休止此步骤在现今的酿酒过程中可以被省略。

但若发生了以下几种情况，仍建议进行蛋白质休止操作：

· 麦芽配方中，含有大比例（>40%）的未发芽壳物（例如，未发芽小麦、燕麦、裸麦）。
· 因自行发麦造成麦芽中的蛋白质含量偏高。
· 啤酒出现冰冻时浑浊，但升温后又会有所改善的冷浊现象，这表示酒体中的蛋白质含量偏高，此时，若进行蛋白质休止将有助于澄清酒体。但由于造成啤酒浑浊的原因很多，并非每一种情况都能以蛋白质休止来改善。

 酒色浑浊问题，请见正文183页"如何酿出晶莹剔透的啤酒——啤酒澄清"章节来对症下药。

60~70℃
淀粉转换／糖化休止

这是糖化最重要的温度区间，在此区间中，β-淀粉酶（60~65℃）与α-淀粉酶（60~70℃）会进行协同作业，经由酶的催化，把淀粉转换成麦芽糖。

但这两种淀粉酶的工作稍有不同，β-淀粉酶在大麦还未发芽前就存在了，它的工作是把短链淀粉分解成麦芽糖，但无法分解淀粉链的主干结构；而α-淀粉酶则是在大麦发芽后才出现的，α-淀粉酶具备能分解淀粉主干结构的能力，可将淀粉分解成各式各样的短链结构，或是不同结构的糖，然后再交由β-淀粉酶去加工分解成麦芽糖。而酿酒师就可以利用不同淀粉酶的特性来取得所需要的麦汁。

62~64℃
希望啤酒具有相对清爽的口感，不甜的尾韵

在此温度区间内，由于β–淀粉酶与α–淀粉酶一起工作，造成麦芽中的淀粉能被完整地转化成各式各样的短链糖类，而这些酵母可以分解食用的糖，最后都会转化成酒精。这也造成最终啤酒中残糖量下降，得到清爽的口感与不甜的尾韵。

66~69℃
希望啤酒具有相对饱满的酒质，稍甜的尾韵

在此温度区间，只有α–淀粉酶可以工作，并在分解淀粉主干时会产生各式各样不同链长的糖类，其中仍会包含短链的麦芽糖与酵母无法分解食用的不可发酵糖。但这样的结果将使啤酒所含的残糖量上升，让口感变得丰润与饱满，有着偏甜的尾韵。

除了水温，pH也会影响淀粉酶是否能正常工作，而水和麦芽的比例正是控制pH的重要因素。对于自酿玩家来说，请依下列的麦芽与水量的比例来作为准则：

1千克的麦芽搭配3~4千克的水

水量少一点、酶的浓度就高，糖化效率也好，但因水量太少需要增加洗糟的分量，以取得目标的麦汁量。水量多一点、酶会被稀释，糖化效率也下降，但因保留下来的水量多，故可以减少洗糟的水量，甚至直接省略洗糟的动作，操作过程会变得比较简单。如何取舍，则看酿酒师的主观意识与偏好，但仍需要注意pH的控制，太高的水麦比例，容易让糖化过程脱离最佳的pH5.2~5.4范围。

除了水量外，我们还可以经由调整水中的矿物质含量来改变pH（如加入镁离子、钙离子等）。水质的不同也会改变啤酒的口感，世界上有许多啤酒其特殊风格的形成与其所使用的水质有关。台湾的水质普遍都适合用于酿酒，个人建议不妨直接使用自来水来酿造，多酿几次，除非有清楚指向水质问题影响到啤酒品质，再来想办法改善水质。基本上，当要酿造淡色的啤酒时，可以使用过滤水来取得较软的水质；如果要酿造深色的啤酒，可以选择水质比较硬的水。对于新手来说，改良水质是困难的，先用自来水酿酿看吧。

麦芽浸出率

你一定会很想知道，到底在用了这么多麦芽之后，最后的比重要如何预估呢？为什么别人写配方都能列出起始比重的预估值，而自己却完全没有概念呢？现在由于有许多辅助软件的帮忙，估算比重这件事较以往来得容易许多，但有时候自己动手算也是一件好玩的事，这能让你更深入地了解这些数字的意义为何。

要计算浸出率，首先要认识PPG（Points per pound per gallon）。

PPG指的是"一磅的麦芽+一加仑的水可得到多少糖分的比重值"

以一罐白砂糖为例，一磅（约0.45千克）的白砂糖在一加仑（约3.79升）的水中比重会是1.046，此时，PPG就是46。千万不要看到数学就眼花了，虽然这些都是我们平常不习惯使用的计量单位，但因为酿啤酒这件事情源自于西方，因此，除了多阅读原文资料以增进理论知识之外，有时候，习惯使用这些英制与美制单位也是很有帮助的。我非常推荐自酿玩家就以最常见的5加仑（19升）作为基本酿酒单位，因为资料最为齐全，有助于各项数量与单位的快速换算。

认识纯糖的PPG后，你大概会想，那么，每种麦芽的PPG都相同吗？答案是不一定。一般而言，理论上，一磅的基础麦芽大多为37PPG，但这些属于实验室里的数值，在现实环境中不可能得到100%的产出效率。若以一般自酿玩家75%的糖化效率来计算，一磅的基础麦芽会从37PPG变成只剩28PPG。

以下列出常见的几种麦芽萃取率：

麦芽种类	麦芽浸出率/PPG（以糖化效率75%计算）
基础麦芽（比尔森麦芽）	28
维也纳麦芽、慕尼黑麦芽	26
水晶麦芽（焦糖麦芽60°L）	25
巧克力麦芽（350°L）	21
黑色麦芽（400°L）	19

接着，以实际的麦芽配方来计算起始比重：

酿造批次19升（5gallons）

比尔森麦芽：4.54千克（10磅）

慕尼黑麦芽：0.45千克（1磅）

水晶麦芽（60°L）：0.45千克（1磅）

巧克力麦芽：0.22千克（0.5磅）

从PPG公式计算出结果如下：

比尔森麦芽：4.54千克（10磅）→10×28（PPG）÷5=56

慕尼黑麦芽：0.45千克（1磅）→1×26（PPG）÷5=5.2

水晶麦芽（60°L）：0.45千克（1磅）→1×25（PPG）÷5=5

巧克力麦芽：0.22千克（0.5磅）→0.5×21（PPG）÷5=2.1

因此，在19升（5加仑）中得到的总计PPG为68，起始比重就是1.068。这是在糖化效率75%下求得的数值。在了解原理之后，便可以使用好用的酿酒模拟软件，如BeerSmith或BeerTools来帮助我们快速方便地计算出各式数值。我们只需了解原理，费时费力的计算就交给工具来帮忙即可。

糖化结束时的麦渣

◎ BeerSmith是一个安装在电脑上的酿酒计算程序，非常推荐使用，本书几乎所有的数学运算都有涵盖，是我用来管理与设计酒谱的软件。请搜寻BeerSmith就可以下载试用版，正式版费用是$27.95美金（2016/7）。

◎ BeerTools也是一个酿酒计算程序，除了可安装在电脑之外，也有网页版的模式。BeerTools功能比BeerSmith少，但对于新手已经很够用。BeerTools也有试用版，正式版费用是$24.95美金（2016/7）。

加热方式

糖化时根据你选择的批次量，需要10~25升的热水（70~100℃），我都会准备一个水壶来负责煮热水。加上糖化的过程中随时都有可能需要提升温度，所以如何升温也是必须考虑的课题之一。

升温的方式有很多，但主要取决于家中的酿酒设备。基本的选择包括：

直接加热法

最简单的方式是以家庭用燃气灶来加热，但不建议使用电磁炉，因为糖化锅内的麦芽与水总量动辄超过20升，电磁炉的加热速度实在慢到会让人睡着。用燃气灶直接加热的优点是加热速度快，但缺点是糖化过程中如温度下降，在重新加热的同时，必须不停地搅拌麦芽以避免锅子烧焦。我个人最推荐此种方式，简便又快速，只要你的糖化锅可以直接摆上燃气灶加热即可。

隔水加热法

若担心锅底烧焦，不妨采用隔水加热法，在大锅中注水，再于大锅中放入糖化锅，但缺点是加热速度慢，锅具使用上会受到限制。我觉得这样实在麻烦，还是开燃气灶直接加热，再拿锅铲搅拌比较省事又快速。

搅拌时还顺便锻炼臂力，一举两得

保温桶蓄热法

国外网友多推荐使用钓鱼用的塑胶大保温桶来进行糖化时的保温。只要先决定好糖化温度，再计算依麦芽重量所需的热水量，在保温桶里混合麦芽与热水后盖好盖子，就能安心看电视或打个盹，等糖化时间结束后，再回来过滤麦汁即可。但缺点是，当需要多阶段不同的糖化温度时，会需要加入大量的热水来提升糖化温度，但如果保温桶容量不足时，就会很麻烦。买更大的保温桶？那会增加平日收纳的困扰，国外的自酿玩家有大房子，国内房价寸土寸金，大型保温桶不一定能过得了家内总管那关。

糖化方式

糖化的方式有好几种，基本上的差异是要不要多段升温呢？最推荐新手朋友的糖化方式是单步浸出糖化法，既简单又好操作。

单步浸出糖化法

这种糖化方式广泛地运用在自酿界与商业酿酒厂。基本上，是把碾碎的麦芽与水混合后，保持在62~70℃（请选一个温度，温度高低对于糖化结果的影响请看前几页的讨论），维持一段时间后，再滤出麦汁。操作方式相当简单，只要让麦芽与水混合后的温度保持在目标温度即可。

相关温度与水量的操作建议如下：

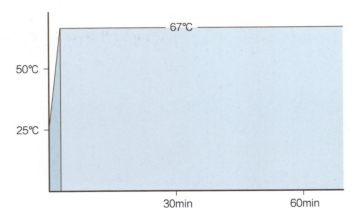

糖化温度：67℃
糖化时间：一个小时
水平轴是时间，垂直轴是温度
67℃持续一个小时

67℃的糖化温度几乎已成为公认的建议值，这个温度做出来的麦汁，在口感与残糖两者间保有不错的平衡，并适用于绝大类型的啤酒，属于典型的万用糖化温度。在此要提醒大家——手边温度计的准确度非常重要，这边所指的并非要细致到0.1℃（如实验室般的温度计量），而是保持在约0.5℃差距的准确度即可。例如，我手边有一支便宜的指针式温度计，测量起来与数字型高级温度计有着3~4℃的差别，如果使用这种不够准确的温度计来做糖化，完全是在自找麻烦。

多步浸出糖化法

除了前面提及的单一温度糖化法，我们还可以选择以不同段不同温度的方法来糖化，以达成某些特殊效果。例如，当有以下需求时，就可以选择使用蛋白质休止（50~55℃）：

· 麦芽配方中有大量未发芽的壳物。
· 使用自行发麦的麦芽。
· 啤酒出现冰冻时浑浊，但升温后又改善的冷浊现象。

以下示意图为以蛋白质休止，加上正常的67℃糖化温度，并搭配出糖所组成的多步浸出糖化法：

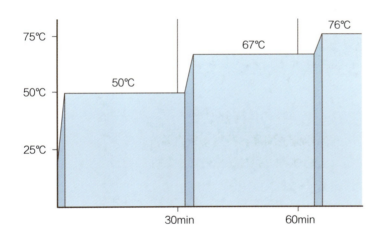

糖化温度：50℃
　　　　　67℃
　　　　　76℃
糖化时间：70分钟

50、67、76℃三段温度变化，总时间70分钟

熬煮糖化法

回溯一下历史，那么，在未发明温度计之前，以前的酿酒师是如何进行糖化的？此时就得来谈谈所谓的"熬煮糖化法"了。当时的人们发觉，如果将碾过的麦芽混合室温下的水后，再取出一部分的麦芽将之煮沸，然后投回糖化锅之中，反复几次这样的步骤，便能得到最好的结果，而这个神奇的过程其实就是"熬煮糖化法"。

但以现代酿酒师的眼光来看，熬煮式糖化法相较于前面介绍的浸出式糖化法，既耗时又耗力。要知道，把部分的麦芽捞出来煮沸，本身就是件吃力的工作，因为真的有够重的！但熬煮糖化法仍然有其优点：

更好的淀粉转化率：

借由将麦芽熬煮的步骤，可让麦芽细胞壁破裂以浸出更高比例的淀粉，让糖化酶更易于接触到更多的淀粉并转换成糖，让糖化效率得以提升。这是因为早期发芽时常有发芽不全的情况：有些麦芽发芽过头而造成麦根过长，消耗掉过多淀粉；有些麦子尚未发芽，导致糖化酶不足与其内淀粉难以利用。在此借由煮麦芽的过程，让未发芽完全的麦子能够进行完整的糖化。但在现代的优良制麦技术下，这项优点已经不存在。

增加麦芽香气：

在此所指的麦芽香气，是在熬煮麦芽的过程中，麦芽内的蛋白质在高温（煮沸）下与糖类作用，这就是美拉德反应所产生的结果。熬煮麦芽会让麦汁的颜色变深，还会得到更为饱满的麦芽香气，而这也是现代仍有酒厂钟情于熬煮糖化法的重要原因。

对现代的酿酒业与自酿玩家而言，熬煮糖化法因为费时费力，所以并非多数酿酒师们的选择，这是因为提升糖化效率的诱因在现代已不复存在。提升麦芽香气，则可以借由使用某些特殊麦芽来达成，例如，蛋白黑素麦芽就能带来类似的风味。不过，仍有部分的酒厂坚持熬煮糖化法，认为其仍有不可替代的风味价值。

熬煮糖化法需要多段升温来进行糖化，其升温是借由麦芽取出熬煮至沸腾后，再加回糖化锅来达成。

分段式糖化法

"分段式糖化法"属于相对特殊的糖化方式，它的特殊之处并非是指温度或是加热方式特别，而是在一次糖化操作下可以做出两种甚至三种不同比重的麦汁。此种糖化方式可回溯至数百年前，当时英国本岛有许多酿酒厂都采用此种糖化法，时至今日，著名的英国酒厂富乐（Fuller's）仍然依循使用这样的传统糖化方式。

请想象一下，过去的酒厂如果有着硕大的糖化糟，但搭配使用的却是数个小型煮沸锅，这时，分段式糖化法就派上用场了。酿酒师们会将第一道流出的麦汁（拥有最高的起始比重）注入第一个煮沸锅，接着将第二道或甚至第三道借由洗糟所收集起来的麦汁注入第二个糖化锅，这样就可以拥有两锅比重大不相同但麦芽配方却一样的麦汁。在这两锅麦汁中，分别加入不同的酒花并以不同的时间来煮沸，甚至还能够在冷却后投入不一样的酵母，这样就能借由一次糖化制作出两种啤酒了！对惯用此方式的英国酒厂来说，这样的糖化法便能同时做出糖度20plato的英式大麦酒与糖度11plato的英式淡啤酒，是不是既方便又省力呢。

使用分段式糖化法时，针对温度的控制与前述的糖化方式并无不同，差别之处仅在于使用这种方法必须要加大总麦汁的收集量，而糖化结束后的第一道麦汁、第二道＋第三道麦汁要分别处理。所需进行的是将第一道麦汁收集在第一个煮沸锅中，接着持续洗糟，等收集到足够数量的麦汁，或是此时比重已经低于糖度2plato即停止，并将两锅进行后续的分别煮沸与投入不同的酒花，这样就可以酿出两批不同酒精度的啤酒了。

如果你要一次做出两种啤酒，而两种啤酒的批次量都一样的话。以下图表可帮助你了解批次量与麦汁起始比重（OG）间的关系：

原本19升的糖度	第一道麦汁/9.5升	第二道与第三道麦汁/9.5升
1.050	1.066	1.034
1.060	1.082	1.038
1.070	1.092	1.048

一般来说，分段式糖化法做出的两批啤酒，虽然酒精度高低不同，但麦芽配方的比例则是一样的。但如果想要做出两种啤酒，而且就连麦芽配方都不相同呢？建议尝试一下改良的方法：在收集完第一道麦汁时，将粉碎的深色麦芽或是增加的焦糖麦芽投入糖化槽中并开始洗糟，由于深色麦芽的用量少，只需短暂的时间就能充分浸泡出味道。在此，可以将第一道麦汁做成琥珀色的英式大麦酒，而与深色麦芽／焦糖麦芽一同洗糟收集来的麦汁则做成深色的世涛啤酒，这样一来，两种啤酒的麦芽配方／味道就大不相同了。

麦汁、酒花与火焰的交融
——煮沸

　　"煮沸"阶段是酿酒的重头戏，在煮沸的过程中，让麦汁持续地沸腾，加入酒花来产生苦味并萃取香气。煮沸的过程除了能让麦汁充分杀菌，让酵母于发酵时期能够不受杂菌的干扰，还能够有助于日后啤酒的澄清，此外，长时间的煮沸还能增添麦汁风味。煮沸的功能有很多，是酿酒中不可或缺的过程。接下来我们将一项项讨论。

杀菌

　　由于麦汁所含的营养丰富，非常容易孳生细菌（细菌的繁殖速度约为啤酒酵母的6倍），因此，若麦汁没有经过杀菌这道手续，在酵母能繁殖到成为优势族群之前，就会被其他杂菌所淹没了。而杀菌最简单也最安全的方式就是煮沸，只要煮沸五分钟，就能有效杀死大部分的细菌，这样一来，酵母们才能安安心心地享用麦汁里的养分，产出我们心目中的啤酒。

在燃气灶上加热中的煮沸锅

停止酶作用

　　在糖化过程中，α-和β-淀粉酶扮演着将淀粉转化为糖的重要角色。当我们斤斤计较地控制1~2℃的温差来制作出想要的麦汁后，通常会再进行一次"出糖"（部分情形下可省略）的手续，目的是将麦汁温度提高到76℃来破坏酶，以避免酶继续工作而偏离所需的糖化结果。如果省略了出糖动作，煮沸的过程将彻底破坏各种糖化酶。

产生苦味与萃取酒花的风味

　　酒花中的阿尔法酸为啤酒里苦味的来源，在一般情形下是不太溶于水的，必须经由煮沸将阿尔法酸转化为阿尔法酸异构物，才能为啤酒带来苦味。此外，酒花中的精油则能带来香气（闻起来）与味道（尝起来），但与阿尔法酸不同的是，这些精油很容易随着煮沸时的蒸气挥发掉，所以香味型的酒花，通常会在煮沸的最后0~5分钟时才加入。

避免二甲基硫（醚）（DMS）残留

　　麦芽含有碘甲基甲硫基丁氨酸（SMM），当它受热（如糖化时）后会形成二甲基硫醚（DMS），当啤酒中的DMS含量过高时，会产生一种类似煮过玉米或蔬菜的味道。所幸DMS很容易随着蒸气挥发，只要煮沸的时间够长，并且保持煮沸的时候不加锅盖，就能有效减少DMS的含量；但如果煮沸时盖着锅盖，挥发的DMS会再次随着冷凝的水蒸气回到麦汁中，造成DMS残留在啤酒之中。而当煮沸完成后也需快速降温，以避免DMS再次形成。

去除蛋白质

　　说到啤酒，大部分人会在脑中浮现澄清的酒液上浮着一层细致的泡沫，所以每当拿出一杯浑浊的自酿啤酒请朋友喝时，通常会得到这样的问题："为什么看起来浑浑的？"
　　造成浑浊的原因有很多，包含酵母特性、淀粉、污染与蛋白质等。其中酵母特性指的是酵母独有的悬浮性，淀粉是因为糖化不完全，污染则是因消毒不充分，蛋白质是指酒中的蛋白质含量过高。当麦汁煮沸时，麦芽中所含的蛋白质会开始凝结，变成如蛋花汤一般的蛋白质结块，酿酒的专业术语称之为"热凝固物"，这些蛋白质凝结物会在麦汁冷却后沉降于锅子底层，可降低啤酒的浑浊感。另外，如果能够快速冷却麦汁，也有助于析出其他溶于麦汁中的蛋白质（冷凝固物），对啤酒的澄清度也有所助益。

 详细讨论请见正文183页"如何酿出晶莹剔透的啤酒——啤酒澄清"。

浓缩

煮沸的过程中，由于水分因沸点而蒸发，一个小时下来便会减少不少水分，所以麦汁的比重便升高了（糖分浓缩）。新手在刚开始酿酒时技术还不稳定，收集到的麦汁的量与比重往往会与期望的数值有所出入，比重偏高还好处理，只要再加水进去调整就行了；但若比重偏低，往往得靠煮沸来蒸发掉水分使比重升高，甚至需要再加糖（但这样就不会得到与原来相同的风味，加糖对风味的影响请参考正文81页"酿啤酒的副原料"）。

但要加多少水或蒸发掉多少水分才能达到要求呢？简单的算法如下：

目标体积=（现在比重*现在体积）／目标比重

其中，比重是指小数点后的数值，例如1.052，则比重值为52，1.102则比重值为102。

范例一

现在体积19升，比重1.040，想要调整到1.052得要煮掉多少水？

（40×19）÷52=14.6　　19-14.6=4.38公升

范例二

现在体积18升，比重1.064，想要调整到1.050要加多少水？

（64×18）÷50=23.04　　23.04－18=5.04公升

煮沸的注意事项

麦汁煮沸时无需担心水分蒸发太多，顶多再加点水进去就行了。请注意，不要完全盖上锅盖，全开或半开皆可，这样能让二甲基硫醚（DMS）充分挥发，以避免产生不好的风味；煮沸时要留意燃气的火力，剧烈沸腾下，容易导致蛋白质凝结成热凝固物，产生的泡沫来不及分开，就会因不断累积而冒出并溢流到燃气灶上，富含糖分的麦汁满溢在燃气灶上会造成烧焦，清洗困难。但也要避免因燃气火力太小，造成煮沸不全。

 煮沸一小时大概会蒸发3~4升的水，但依据锅具与火候的不同，蒸发的量也有些许差异。

煮沸要煮多久?

杀菌：5分钟

破坏酶：10分钟

煮沸时会产生泡沫，需注意不要满出来。

酒花的苦味与香味：

依酒花的用途不同，煮沸时间的长短也不同。苦味型酒花通常需经60分钟的煮沸以萃取最多的苦味，香味型酒花则为0~15分钟。

DMS：

依所使用的谷物种类不同，会产生程度不一的二甲基硫醚。需注意当麦芽配方中使用了较多的比尔森麦芽时，建议延长煮沸时间到90分钟，以减少DMS的问题。

麦汁浓缩与风味：

煮沸一个小时大概会蒸发3~4升的水分，但依据锅具与火候的不同，蒸发的量也不尽然相同，请视器材的状况做调整。很多高酒精浓度的深色啤酒会延长煮沸时间，除了借由高蒸发量来提升麦汁浓度，也可因锅壁高温下的美拉德反应产生出更多的饼干与烤面包风味。

总之，煮沸一个小时是长久以来酿酒师们千锤百炼过的结果，煮沸一个小时的通则适合90%以上的啤酒类型。延长煮沸时间通常无碍，但请勿缩短煮沸时间。

◎ 麦汁比重的高低，会影响酒花的苦味萃取率：麦汁比重越高（甜分越高），酒花的苦味萃取率会下降，反之亦然。

◎ 高温烘焙过的麦芽会产生较少的DMS，越浅的麦芽则越多。所以当麦芽配方中使用大量的比尔森麦芽时，会发生较严重的DMS问题，有些酒谱甚至会建议延长煮沸时间到90分钟，也是因为这个原因。

如何酿出晶莹剔透的啤酒——啤酒澄清

很多新朋友酿出来的啤酒味道没什么大问题，但总觉得酒体不够澄清，没办法像市售啤酒那样晶莹剔透，到底如何才能增进啤酒的澄清度呢？要解决此问题，我们得从啤酒为什么会浑浊来思考，了解有哪些原因会造成酒体浑浊，才能知道怎么酿出清澈的啤酒。

酵母

澄清度与使用的啤酒酵母品种有很大的关系。例如，德式小麦啤酒使用的酵母具有低沉絮性的特性，当发酵工作完成后，酵母会漂浮在酒中，到处闲晃，不肯乖乖地沉到桶底去睡觉，这样便会得到浑浊的啤酒。

而另一种英式啤酒所用的S-04酵母其沉絮性很高，酵母极容易聚集并沉降到底部，于是使用这种酵母，便很容易酿出清澈的啤酒。但一般而言，高沉絮性的酵母多伴随着较低的吃糖能力，如果酵母量不足，则容易发生主发酵时间延缓与吃糖不完全的情形。

另外，主发酵未完成即装瓶，或是装瓶时吸到底部的酵母与残渣，也会让啤酒显得浑浊，此时，不妨在瓶内发酵完成后多放在冰箱里2~3天，低温环境会让酵母沉降到瓶底。另外，在倒出啤酒时也要小心不要搅动到瓶底，不要倒出浑浊沉淀的酵母泥。

淀粉

麦汁里的淀粉主要来自于糖化不完全，由于酵母没办法消化淀粉，因而淀粉就会出现在啤酒中。当麦汁（啤酒）里出现淀粉，就表示酿酒过程中出现了问题，翻一下你的酿酒记录，看看糖化温度是否过高（酶被破坏）或过低（酶没启动），糖化时间是否太短，确认是否有些麦芽种类所含的酶过少，或因高温烘焙破坏了糖化酶，想想是否必须延长糖化时间来解决此一问题。

 糖化结束时，请取出一小匙麦汁并加入碘液来测试，如出现黑紫色，即代表还有淀粉存在，糖化不完全。

污染

受杂菌污染的啤酒看起来异常浑浊，有时还会给人灰灰的感觉，并伴随着大量块状或片状的悬浮物，与清澈的啤酒差别甚大。

污染的主因是消毒不完全，因此，当麦汁煮沸结束后，所有会接触到的器具都要充分消毒。装瓶时，所有会碰触到啤酒的工具都要格外小心。有些塑胶工具会因为刮痕或缝隙，导致细菌孳生而使消毒不完全并造成污染，尤其像是塑胶发酵桶千万别用刷子大力刷洗，一旦产生刮痕，便只能换新。

蛋白质

酿好的啤酒中仍有部分多酚类和蛋白质，其中部分的酚类会和蛋白质起反应，在温度降低时凝结生成，但由于质量太轻无法沉降而悬浮着形成冷浑浊，一旦温度上升，又会再度溶回酒液之中。

部分的多酚类与大分子的蛋白质，会在煮沸时聚合成热凝固物，并在冷却时形成冷凝固物，因此，当使用较多酒花（主要的酚类来源）时，会让啤酒相对澄清。但较小分子的多酚则会继续留存在麦汁或啤酒之中，这些小分子在氧化时很容易产生聚合反应，并造成酒体浑浊，因此，充分煮沸、快速冷却以及避免氧化都可以减少浑浊的程度。

如何改善酒体澄清度？

从配方上改善

麦芽壳里含有造成浑浊的多酚类（造成涩味的单宁也属多酚的一种），因此使用小麦，可以减少此类物质的数量。但由于小麦所含的蛋白质较多，当小麦的使用量在5%~12%时，会由于蛋白质增多而使得浑浊的情形变得更严重，但当小麦的使用量达到40%时，多酚类含量大减，反而会变得较为澄清，但相对于纯大麦配方的啤酒还是比较浑浊。

从酿造过程中改善

我们可在糖化时进行蛋白质休止，以分解掉造成浑浊的蛋白质；但当啤酒中的蛋白质含量过低，又会对啤酒泡沫的持续性造成影响。因此，蛋白质休止一般只建议在使用大量未发芽谷物的配方之中。除此之外，我们还可以选择：

- 煮沸时充分地沸腾，并且快速冷却麦汁，可以让蛋白质凝结而沉淀。
- 加长主发酵时间，让发酵完全，避免未发酵完成就装瓶。
- 在主发酵末期，将酒液转移至另一个发酵桶，称为"过桶"。此动作可让大部分的沉淀物留在第一个发酵桶之中，让酒液保持澄清，但因换桶会增加污染或氧化的风险，不建议新手这样做。
- 装瓶前，让发酵桶的温度降低至4℃左右，并维持一到两天，这个过程称之为低温沉降。此时，小分子蛋白质会因低温而析出且酵母会沉降休眠，此时再直接抽取澄清的液体部分来装瓶，便能得到澄清的啤酒。
- 使用高沉絮性的酵母。

使用澄清剂

角叉菜

　　这是在煮沸时加入的澄清剂，一般在煮沸结束前10~15分钟加入一起煮，可以帮助热凝固物的形成，让啤酒较为清澈。市售的角叉菜有些含盐，使用前必须先泡水洗掉盐分。每19升的麦汁约使用15克左右。

角叉菜胶（又称卡拉胶）

　　其实这就是角叉菜萃取物，只是经过了特别处理后，变成易保存的粉状，使用上要比角叉菜方便许多。在化工材料行皆可购得食品等级的角叉菜胶。19升麦汁使用2~3克角叉菜胶即可，并在煮沸阶段的最后10~15分钟加入。建议可先取出一碗煮沸中的麦汁，小心加入角叉菜胶并搅拌均匀，再倒回煮沸锅中，以达到最佳的混合效果。

Whirlfloc

　　这个澄清剂品牌，是国外自酿者极为推荐的选择，现在国内也有厂商进口。其澄清效果很好，加上已经精制成锭状，每19升麦汁放入一锭即可。使用的时机与上述相同，直接投入煮沸锅，溶解快速，方便使用，缺点是价格相对于其他澄清剂高。

长时间的瓶内熟成

　　装瓶后的啤酒只要能直立放置，酵母在完成瓶内发酵后便会开始聚集沉淀于瓶底，低温下储存更是能增加聚集沉淀的效果。通常放置冰箱1~2个月就能得到非常澄清的啤酒。即使上述所提及的每一项都没做好，也不会产生太大的影响，堪称是终极懒人澄清法。

 使用麦芽浸出物酿酒时，就不建议加入澄清剂。这是因为麦芽浸出物本身的蛋白质已因制造过程而较少，如果澄清剂使用过量，可能导致酵母所需的蛋白质养分不足。

酵母为什么要扩培？

"酵母为什么要扩培？不是只要买一包干酵母或是一管液态酵母，直接倒进发酵桶就行了吗？"

酵母扩培的意义是为了让酵母在开始工作之前，达到足够的数量与保有健康的活动力。因为在台湾能买到的酵母大多是远渡重洋而来，在你购买回家前，往往已在店内放置了一段时间，而且雪上加霜的是，酵母在买回家到真正拿来酿酒之前，又在冰箱放置了数周到数月之久。经过这番折腾，酵母所包含的活菌数量已远低于我们的想象。

于是扩培的技巧几乎已是进阶自酿玩家的必备技能。扩培的好处，在于可以缩短酵母投入后到主发酵开始前的延迟时间，并让主发酵能在合理的时间内结束，且达到酒谱设计目标的最终比重。投入酵母的数量多寡与是否健康，会大幅影响到啤酒的风味，期待以少量的酵母来进行主发酵，就好像要一位投手连投30局不休息一样危险。

扩培的要点为何？

酵母要增加族群数目，必须有一个有氧气的环境与充足的糖分，稳定适合的温度也很重要。以下就让我们来进一步说明酵母增殖的几个关键要素：

氧气的重要性

为什么氧气对于扩培酵母非常重要？酵母是种奇妙的单细胞生物，可以同时在有氧以及无氧的环境中生活。在有氧的环境中，大多行无性出芽生殖，可快速扩大酵母的族群（繁殖）；而在无氧环境中则行无氧呼吸，将糖分分解为酒精与二氧化碳（制酒）。酵母菌可以消耗溶于水中的氧气，并产生足够的不饱和脂肪酸及固醇类，这些都是构成细胞膜的重要成分。也因此，创造"有氧环境"是酵母行出芽生殖的第一个重要条件。

酵母繁殖需要营养素

要让酵母健康快乐地大量繁殖，除了氧气，必要的营养素也是很重要的。基本上，营养可分为下列两类：

· 磷酸铵
· 氨基酸

国外可以买到所谓的酵母营养添加剂，而在台湾，能在化工行购买到酵母浸出物（YE：Yeast extract）。使用的方式为取出部分麦汁，并加入几匙YE来增添营养素，就可以得到很好的效果。如果很在意额外购买YE的花费，可以加入部分回收的酵母泥来取代，一样煮沸、冷却后拿来扩培酵母，效果也很好。

我自己会在每次啤酒酿造时，留一点麦汁冷冻起来，下次酿啤酒的前几天将之煮沸冷却后，加入YE，即是最方便好用的酵母扩培液。

酵母扩培的温度

在台湾，自家酿造啤酒最大的难题就是"发酵温度"，这是因为台湾身处亚热带地区，一年有大半的日子都超过所谓一般爱尔型酵母发酵温度的上限（24℃）。所以你一定会困惑："扩培酵母不也是一样是有温度问题吗？"是的，过高温度扩培后的酵母会有发酵持续力低落的问题，所以我们推荐在室温28℃以内来扩培以取得最佳效果，如果可以把扩培设备丢入发酵冰箱也是一个不错的主意。

如何加入氧气

加氧的方式有很多种，但扩培出来的效果却大不同。可分为以下四种方式：

气塞

在锥形瓶开口装上气塞，让酵母直接取用麦汁中的氧气，锥形瓶剩余空间内的空气也会自然溶入麦汁中，酵母可直接取用这些氧气来进行有氧呼吸，以扩大族群数量。但由于没有强迫溶氧，当麦汁内的氧气消耗完毕后，酵母在缺氧的状况下，会开始无氧发酵而产生酒精，这样酵母扩培的效果当然不佳。

人工摇晃法

把已经加上单向气阀的锥形瓶放在伸手可及的地方，上班工作或是下班看电视之余，就拿起锥形瓶来旋转摇晃吧（但请注意安全，千万别手滑了）。摇晃的过程能帮助氧气融入麦汁，但因扩培的时间通常需要一至两天，应该没人能全程摇晃，睡觉的时候总得放手吧。效果比放着不管的单向气塞法稍佳。

打空气进入扩培麦汁

既然酵母繁殖需要氧气，而空气中有两成是氧气，那么，拿水族箱用的空气泵来打气不就得了？但因空气中飘散着灰尘与细菌，若要以空气为氧气来源时，必须先以无菌空气滤器来过滤，才能将空气引入锥形瓶内，以避免感染。这种方式由于可以源源不绝地提供氧气，效果极佳。

1 气塞
2 人工摇晃法

使用电磁搅拌器

在锥形瓶内先放入实验室使用的搅拌子，完整消毒后，以锡箔纸包覆锥形瓶口并压紧，等扩培用的麦汁准备好，倒入麦汁与酵母后，就放置到搅拌器上开始搅拌。搅拌的过程中，在麦汁中央会形成漩涡，空气会被带入麦汁中增加含氧量。这种方式能提供足够的氧气，所以可以得到很好的效果。

扩培时需留意扩培状况，当发现酵母的主发酵泡沫已经消散，代表扩培已完成，麦汁中的绝大部分养分已被酵母消耗殆尽，此时要停止扩培，不然，已扩培出来的酵母菌会在高氧且无养分的环境中快速死亡。通常扩培的时间会在48~72小时内完成，扩培完成的酵母可直接投入麦汁中进行发酵，或是将整个锥形瓶放入冰箱，待酵母低温沉降到底部后，将上层相对清澈的液体倒掉，再将其底部酵母均匀摇晃后倒入发酵桶内。

了解扩培的基本条件后，相信你大概能浮现出"把具有完整营养的麦汁，加上酵母菌，提供充足的氧气，这样就是扩培了！"没错，原理的确就这么简单。只要在完整消毒后的三角锥形瓶中装入已经煮沸后并冷却的麦汁，然后将酵母的外包装消毒一番，再眼明手快地将酵母倒入锥形瓶中，接着，以锡箔纸盖上包覆好瓶口。接着供给氧气，就能养出一堆的酵母宝宝来为你工作了！

扩培进行中的搅拌器

自制磁石搅拌器

市售的搅拌器多为实验室等级的产品，质感佳又耐用，但售价高昂，多半得花几千台币才买得到。自制磁石搅拌器并不会太难，只要看得懂基本电路图，以及具有使用焊枪的经验即可，成本仅数十元。

材料：

- 调光器100W（选瓦数最小的就够用了，无需买到500W或1000W的型号）
- 12V DC电脑风扇（或最常见的那种8cm机壳风扇）
- 强力磁铁两颗
- 变压器（110V AC转12V或是9V皆可，小型的就够用了，此处负载很低）
- 搅拌子
- 硬塑胶盒一个
- 开关
- 整流器
- 100~470μF电容一个
- 保险丝

磁石搅拌器的内部示意图

线路：

调光器是什么？简而言之，就是调整交流电AC110的一种装置，各大电料行都买得到，传统上用于钨丝灯泡或卤素崁灯的光线明暗调节。

简单来说，线路从输入的110V AC交流电看过来就是：

110AC → 调光器 → 变压器 → 整流器 → 风扇马达
（AC电压调整 → AC电压转换 → 变成DC → 驱动风扇马达）

请注意，下页图的变压器是18V，使用12V的变压器也可以。

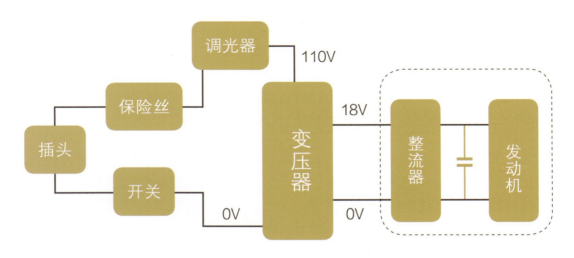

※电容需并联于风扇的+ −端，请注意正负，否则电容会直接烧毁。

施工步骤：

01 由于强力磁铁可能会影响风扇内的线
STEP 圈，必要时垫高磁铁再粘在风扇中心
上，否则，有些风扇会无法转动。

02 将风扇装入塑胶盒中并垫高，调整到越接
STEP 近顶壳越好，以确保磁铁与塑胶盒顶部的
距离。距离越短，运作中与搅拌子互相吸
引的磁力就会越大，这样能转动越多的扩
培麦汁，也不容易在扩培的过程中脱落。

03 制作调光器供电线路，让我们可以借由
STEP 调整调光器来调整风扇转速。

04 完成后开始测试，只要能控制风扇的转
STEP 速并足以带起水流，那就成功了。

测试中的磁石搅拌器

以磁石搅拌器来扩培酵母

在此列出使用磁石搅拌器来扩培酵母所需的器具以及步骤：

准备器具：

- 电磁搅拌器一组
- 3~4.5厘米搅拌子一个
- 锡箔纸一小张
- 1~2升三角锥形瓶一个
- 消毒喷剂（75%酒精、StarSan或二氧化氯皆可）
- 酵母（干／湿酵母）

步骤：

01 准备糖度Plato约10（比重1.040），一升左右的麦汁，煮沸消毒后，加盖密闭冷却至室温（可使用冰块冷浴法来加速降温）。

 使用低一点糖度10Plato的麦汁来养酵母，对于酵母的压力会比较小，有利于产生较多的酵母数量。过高的糖度如高于15Plato，对于酵母的压力太大，反而达不到最佳效果。

02 将搅拌子放入锥形瓶中，备好锡箔纸，锥形瓶内部与锡箔纸都喷上消毒剂，将锡箔纸盖上锥形瓶，并压紧放置于一旁备用。锥形瓶与搅拌子也可使用电锅来进行蒸汽消毒。

 使用锡箔纸包覆瓶口的原因是为了要防止细菌借由灰尘进入锥形瓶，又要保持锥形瓶内的空气与外界流通，以利酵母进行有氧呼吸来行出芽生殖。

03 待扩培麦汁冷却后，将麦汁快速地倒入锥形瓶中（过程必须眼明手快，以免杂菌进入），再加入酵母。

04 快速盖上锡箔纸，将锥形瓶开口包覆起来，并且压紧。此举让空气可些微流通，但又不让细菌入侵。

05 放上电磁搅拌器，调整转速到适当，搅拌24~36小时。记得持续观察，酵母如果繁殖起来，扩培麦汁上面会漂浮着泡沫。如果泡沫完全消失，麦汁颜色也变浅，表示麦汁内的糖分耗尽，扩培结束。

06 可在扩培酵母超过24小时时，选择在高泡期将整瓶酵母加入发酵桶中。或是等扩培结束（麦汁上的泡沫完全消失），将锥形瓶放置入冰箱，待一天之后酵母沉降，将上层的澄清液倒掉，留下底层白色的酵母，摇匀后，倒入主发酵桶内。但要记得先拿个磁铁将底部的搅拌子吸住，不然，搅拌子也会被一并倒入发酵桶中发酵！虽然不会造成污染，但这下就没搅拌子可用啦。

锥形瓶中扩培好的酵母

注意事项：

· 扩培过程请注意消毒，并选择干净的环境（不要直接照到阳光，不要放在环境微生物太多的地方）。

· 扩培环境的温度会影响扩培的速度。冬天室温低，扩培时间可能会延长到三天才能完成；夏天室温高，扩培时间可能会缩短到24~36小时内。

· 扩培完成后，如不放心，可闻闻看有无异味，或者干脆倒一小杯出来尝尝。如果有变质疑虑，请放弃不要使用。

· 扩培必然有风险，但只要小心消毒、麦汁与酵母都正常，成功概率远高于你的想象。

清洁与消毒

累组起来，扩培麦汁上面会漂浮有泡沫。如果泡沫完全消失，麦汁颜色也变浅，表示麦汁内的糖分耗尽，扩培结束。

06 STEP 可在扩培酵母超过24小时时，选择在高泡期将整瓶酵母加入发酵桶中。或是等扩培结束（麦汁上的泡沫完全消失），将锥形瓶放置入冰箱，待一天之后酵母沉降，将上层的澄清液倒掉，留下底层白色的酵母，摇匀后，倒入主发酵桶内。但要记得先拿个磁铁将底部的搅拌子吸住，不然，搅拌子也会被一并倒入发酵桶中发酵！虽然不会造成污染，但这下就没搅拌子可用啦。

锥形瓶中扩培好的酵母

注意事项：

· 扩培过程请注意消毒，并选择干净的环境（不要直接照到阳光，不要放在环境微生物太多的地方）。

· 扩培环境的温度会影响扩培的速度。冬天室温低，扩培时间可能会延长到三天才能完成；夏天室温高，扩培时间可能会缩短到24~36小时内。

· 扩培完成后，如不放心，可闻闻看有无异味，或者干脆倒一小杯出来尝尝。如果有变质疑虑，请放弃不要使用。

· 扩培必然有风险，但只要小心消毒、麦汁与酵母都正常，成功概率远高于你的想象。

铜

铜的导热系数极佳（大约是不锈钢的10倍）、易于加工，常被用来制作麦汁冷却器，但因铜容易氧化变黑，甚至产生对人体有害的铜绿，因此，在使用铜制设备时必须充分进行清洁。使用前，可以用无氯漂白粉（主要成分为过碳酸钠）浸泡一阵子就会变得亮晶晶啰。注意，千万别用二氧化氯消毒铜制品，铜碰到二氧化氯容易变黑。

发酵前的麦汁与铜之间不会产生反应，十分安全；但铜接触到发酵之后的麦汁（啤酒），则会产生有害物质。

塑胶

塑胶的种类繁多，耐热程度也不尽相同，如果要使用热水冲洗，请先确认该塑胶是否能耐热。塑胶重量轻、便宜、加工容易（钻孔），常用于发酵桶，但因塑胶相对于其他材质较软，如果刷太用力会在表面造成刮痕，这么一来，就成为细菌躲藏的好地方，消毒用品不易进入刮痕深处又无法使用煮沸杀菌，一旦发生成品被污染就要立即换掉。

铝

铝的导热系数比铜略低、质量轻，是作为煮沸锅的理想材质，现今许多研究报告分析，铝制锅具与痴呆症并无关联，可以放心使用。全新的铝锅是亮灰色的，建议先加水煮沸约30分钟，此时表面会产生暗灰色的氧化物，这层氧化物能减少铝的溶出。铝锅用完后，也只要轻轻地把附着于其上的东西洗掉即可，别把具有保护作用的氧化物也洗掉了。

玻璃

耐高温、硬度高、清洁容易、看起来很酷、玻璃制的发酵桶还可以观察发酵情形（重点），感觉优点多多。但因玻璃表面光滑，只要一不小心手滑就只能跟它说拜拜。此外，清洁玻璃制品也很容易，只要不用钢刷去刷，爱怎么洗就怎么洗。

消毒

由于麦汁的营养丰富，不只酵母爱吃，就连细菌也爱吃，再加上细菌繁殖的速度是酵母的6倍，若没有充分消毒，在酵母增殖到成为优势菌种之前，就会被细菌淹没了。

在众多消毒的方法中，我们挑几个比较可行、比较常见的来讲，其他较高难度、需要特殊工具，或国内不容易买到的消毒剂就省略不提。切记！所有会接触到煮沸后的麦汁或发酵后啤酒的东西都要充分消毒。

化学消毒法

很多人看到化学消毒就有疑虑，会不会对健康造成影响？用完要不要用开水冲掉？万一这些残留物跑进酒中会不会有问题？其实只要按照标准的比例使用，如以下介绍的化学消毒方式其实就相当安全，不用担心。

消毒药剂	调制方式	优点	缺点
75%酒精	直接在药房购买，要注意浓度是75%，不可使用98%酒精，这会让细菌的孢子外壳硬化，反而失去杀菌的效果	容易取得，价格中等。很多药房都可购买	杀菌力低，无法完整杀死所有的菌种。消毒后可直接使用
漂白水	以100毫克/升的浓度调制（注）	容易取得，价格低廉	尽管已经稀释，但仍会有漂白水特有的氯气味道，使用后不妨用煮沸过的冷开水冲洗再使用
二氧化氯	以100毫克/升的浓度调制，可买网络上销售的药锭，一锭配一升的水即是适合的浓度（注）	价格中等，杀菌力强	调制成消毒剂的二氧化氯怕光，也会自然氧化，逐步失去消毒能力。消毒后可直接使用
StarSan	国外自酿界相当流行的杀菌剂，以厂商建议的比例与水混合即可。30毫升搭配5加仑，约19升的纯水或过滤水，请勿使用自来水，如只需要一升，请等量缩小即可	杀菌力强，调成制剂后的StarSan，即使放置数星期都能保持足够的杀菌力	StarSan价格相对于其他方式都贵，但稀释比例高，细算后其实并不贵。消毒后便可直接使用

※100毫克/升是以0.1克（100毫克）混合1升的液体所调配出的浓度。

物理消毒法

煮沸

最简单、也是最有效的消毒方式，只要在热水中煮沸15分钟左右，就足以杀死大部分的生命体，如，细菌、真菌、虫子、野生酵母等。除了塑胶制品以外，大部分的设备都可以利用煮沸法进行消毒；在制作好麦汁后的煮沸过程，刚好也能为麦汁消毒，如果家中有稍后要捞煮沸后麦汁的工具，或是浸入式麦汁冷却器，可以在煮沸完成前15分钟把它丢进麦汁里一起煮沸，以进行消毒。

蒸气消毒法

可在电锅或一般锅子里加水煮沸，利用高温蒸汽进行消毒，不必像煮沸法那样每次都要用一大锅的水来消毒大量的设备，但因为锅内外围的温度会比中心温度低，因此，需要较长的时间使外围的设备达到足以消毒的温度。此法可以杀死大部分细菌，但某些孢子尚能在此温度下存活，不过，一般来讲已经足够了。

高压蒸气消毒法

使用压力锅进行消毒，此方法最有效，可以达到无菌的程度。当压力上升时，水的沸点也随之上升，当压力到达103kPa时，水蒸气温度约为121℃，在此温度下，可以杀死所有的细菌及孢子，而达成无菌状态，可用来制作无菌麦汁或Slant（一种保存酵母的方法）的基质。

间歇消毒法

蒸汽消毒的进阶版，方式为：蒸汽→静置一天（室温）→蒸汽→静置→蒸汽。当蒸汽消毒后，所存活的孢子在室温底下会发芽，此时，一般蒸汽消毒便可将之杀死，重复几次后即可达到接近无菌的程度。

基质是培养皿中，让菌种长大所攀附置于底层的软物质。

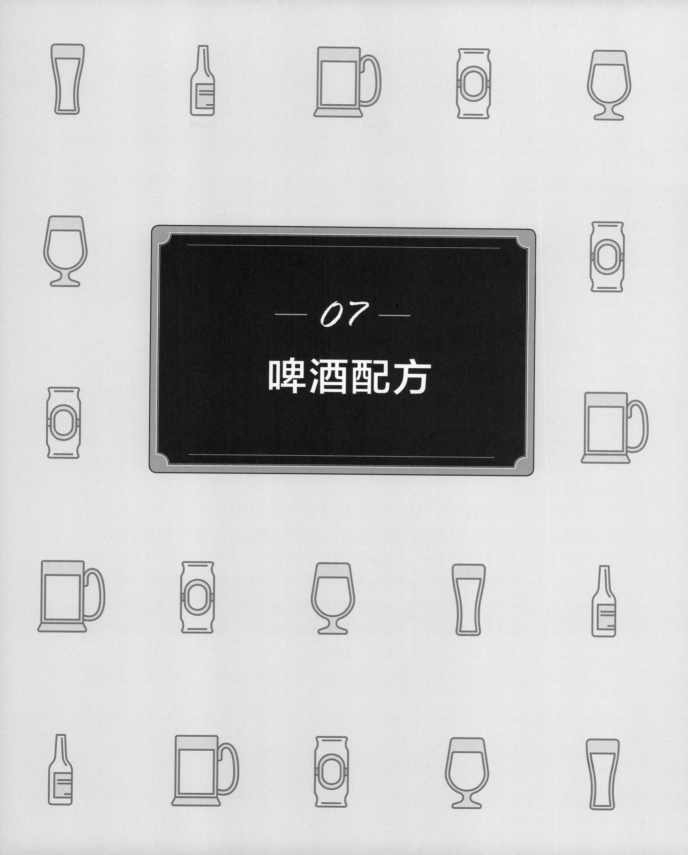

— 07 —

啤酒配方

啤酒配方的传统

对于酿过几次的新朋友来说，心中难免隐隐然会有个疑问："啤酒配方表里的原料看起来有点无趣，我可以加些新东西进去，来创造自己的风格吗？"答案当然是可以，这是你自己的啤酒，当然可以做出你想要的样子。

但等到要参加自酿啤酒比赛时，往往才发现"这支啤酒要参加哪个组别呢？"为什么会有美国风格系列的爱尔啤酒组？为什么会独立出小麦啤酒组？什么是世涛？什么是波特啤酒？为什么所有不符合组别分类的啤酒，统统会被归入实验型啤酒组？比赛主办单位一直问："你酿的啤酒是属于哪一个风格？"

所谓啤酒风格这件事情，到底是指什么？

数百年前酿酒师们，心目中并没有所谓啤酒风格的概念。当时的交通不便，更遑论原物料的运输，于是酿酒师们仅能使用方圆百里、目力所及的谷物、植物来作为材料，使用当地的燃料来烘干麦芽；而糖化、煮麦汁的方式也因各地设备的不同，造就出不一样的麦汁风味；使用沾在糖化搅拌棒上，或生活在酒厂中看不见的小生物——酵母，运用它们来发酵产生酒精；煮麦汁过程中需要大量用水，就取用当地的水源。这是古老酿酒师们所面对的环境。

数百年过去，当地的谷物与烘焙方式传承下来，形成了地区性的传统；酒厂内繁衍与演化数百年后的酵母，成了独一无二的品系，产生了某种跟外地啤酒不同的酵母香气与残糖比例；在地水源的硬或软（水的pH高或低），则影响了在地酒厂酿出什么颜色的酒：硬水地区酿深色啤酒，软水地区酿淡色啤酒，这并非当时酿酒的科学发展，而是经验法则的归纳与痛苦学习后的结果。就这样随着时间不断流逝，酿酒师一代传承一代，酒厂百年兴衰，科学进步到知晓其中的原理，发展出了酿酒学。更重要的是，看到了不同地区酿造不同啤酒，而这些前面所提及差异点的集结，就汇集成了啤酒风格的样貌。

啤酒风格对于啤酒爱好者来说，往往是最难懂但又最奥妙的部分。为什么英国啤酒不应该有太多的泡沫？为什么与英国在海峡两岸对望的比利时，却强调啤酒要有比较多的泡沫？为什么酿比利时高酒精浓度啤酒一定要加糖，而酿德国博克啤酒时，这种明明也是高酒精浓度啤酒，但却不能加糖？大家都说德国博克属于拉格型啤酒，但又说唯一的例外是小麦博克，它是爱尔型啤酒，怎么会有这么多特殊情况？这些答案，其实就藏在啤酒风格之中。啤酒风格交杂关联着千百年来的历史文化、政治考量与国家税制，因此，啤酒风格内的规则有故事，故事之中又有例外……虽然繁杂，但请深呼吸，我们在接下来的酒谱章节中会谈得深一点，同时也教你怎么酿出该风格的酒款，并解释各风格间的差异。听得懂就会心一笑，听不懂就当故事听，让它先过去，照着酒谱制作，隔段时间再读，或许就会产生不同的体会。

啤酒配方的创新

曾经在一次公开的演讲活动中，有听众问道："创新这件事情，在啤酒世界中的意义为何？"这个问题看似普通，却一语道破很多事情。

很多新手在酿过几批啤酒后，总会想要赶紧换掉酒谱中的原物料，加入自己的创意，希望能酿出崭新风味的啤酒。每当见到这样勇于创新的想法时，总是感到既欣喜又担忧，欣喜的是新朋友带来新动力，激发大家的创意思考，但又担忧酿酒的根基还不够稳固，就急忙为着创新而创新，却不知这些新原料、新手法所为何来，这样用力的创新总让人感到忧心。

让我举个在音乐世界中的例子。

在古典音乐中的钢琴家们，往往也得处理这种有关新意与突显个人特质的课题。钢琴世界中有所谓的"弹性速度（Tempo rubato）"一词，作曲家希望能在某些乐段中，加入速度的变化以达成期待中的效果。钢琴家合宜地选择弹性速度，可为乐曲带来不一样的面貌，添加听感的新意与演奏者个人的印记，让听众可以一听即知是谁在演奏这首乐曲。但调整弹性速度的合宜与恰当，可不是件容易的事情。弹性速度中的"Rubato"原意是"被偷走"的意思，在速度上被偷走了某些东西，自然要在其他的地方还回来，才能保持作曲家对于乐曲设计的原意。速度上只偷不还，就变成速度上的渐慢或渐快，也背离作曲家的曲意了。身兼超凡钢琴家与作曲家身份的李斯特（Franz Liszt）曾提过："弹性速度要像风拂过树梢，树梢随风摆动，但根部要固若磐石。"

对我来说，啤酒的创新就要像风吹拂过树梢，配方的更替与原料代换，当然可以随着灵感前进，但就如同钢琴演奏上的弹性速度，要有借有还，拿掉的部分要在别的地方上补足回来，才能让啤酒维持原有的平衡感。啤酒风格上平衡感的展现，都是过往长时间的累积，千锤百炼后归纳的结果，维持啤酒风格根基上的样貌，是创新之路上需谨守的要务。风拂过树梢后，要让风格的展现仍然固若磐石。我一直觉得这样才是真正的创新。

※本书配方表中，未标明糖化效率者都以75%来推算。

· B E E R ·

英式苦啤酒

English Bitter

英国啤酒总给人优雅从容的感觉。而英国啤酒的骨干就是英式苦啤酒。英式苦啤酒又细分为Ordinary、Best、Strong、Extra special bitter，虽然这些名称令人眼花缭乱，但一开始只需懂得English bitter这个大范畴即可。细项分类的差别主要在于酒精浓度的高低、酒花的多寡，只需以一个家族的概念来看待它们即可。

英式苦啤酒一定是很苦吧？

很多人光看名字就会产生这种直接的联想，但其实对比于现在精酿啤酒世界中的美系啤酒风潮，英式苦啤酒喝起来并不会太苦，而且还给人特别轻松无负担的感觉。堪称社交型啤酒的第一把交椅，让你在酒吧能和朋友轻松畅饮，喝个两大杯也不觉头晕目眩。属于典型的品名与内容物不符。

很多人到英国旅行，在酒吧小酌时，总讶异于怎么拿到一杯没气泡，又接近室温的啤酒？是的，相对于台湾特别讲究啤酒泡沫的重要性（⅓到¼的泡沫层）与冰到透心凉的畅饮法，英国人可不兴这一套！英式啤酒因为酒精浓度相对低，使用的英式酵母发酵能力也不强，带来酒中相对多的残糖，再加上英式麦芽的特殊核果仁风味，使得英国啤酒就是要在接近室温时，以及没什么气泡感的干扰下饮用，才能够展现出最丰富多彩的原料风格。

英国的真爱尔复兴运动

第二次世界大战改变了世界权力分配，同时也大幅影响了啤酒的发展方向。英国啤酒在二战结束后，由于物资缺乏与酒厂缓步重建的影响，导致当时的英国啤酒滋味越发淡薄，甚至开始使用麦芽之外的副原料以降低成本。1972年，一群想要复兴过往英国啤酒传统的爱好者，共同成立了真爱尔促进会，要把传统上桶内熟成、不经过滤、不杀菌、不使用二氧化碳推动桶内啤酒的真爱尔带回市场。几十年下来的努力与推动，的确让英式啤酒有了崭新的"旧面貌"。

英式苦啤酒的麦芽配方很简单，基本上就是尽量选用英国的基础麦芽，加上一定比例的焦糖麦芽即可。由于英国啤酒首重平衡感，过于强烈的焦糖风味容易让整支酒的平衡破坏，这也是自酿朋友最常感到困难的点。很多人可能原本觉得自己酿出来的英国酒蛮好喝的，没什么问题，但当喝到传统英国名厂像是富乐（Fuller's）或是森美尔史密斯（Samual Smith）的产品时，才会惊觉怎么这么不一样！英国酒永远是自酿玩家的一大挑战。

除了麦芽配方之外，英国啤酒酵母的品种也是很重要的因素。由于英国啤酒的酒精浓度相对偏低，为了在酒中保持适当的酒体，英国酵母被筛选为有着普遍性低发酵能力的品种。一般来说，可以选择发酵能力在70%左右的酵母（详细讨论请见正文52页"酵母"）。此外，英国酵母的花香味与优雅的水果酯香味十分迷人，由于英系酵母有着惯性懒惰的倾向（低发酵能力与高沉絮性），请确保酵母投入的数量与活跃程度。如果酵母已自行扩培过，请适度增加1.2~1.5倍的扩培量，以利主发酵完整进行。发酵温度则控制在19~21℃。酒花的选择请以英国的酒花为主，虽然在英国苦啤酒的世界中，酒花并非主角，但画龙点睛地适度添加，则带出整支啤酒的精髓所在。在此不妨选用优质的英式酒花，像是EKG（东肯特戈尔丁）来达成木质、土壤与些微花香的目标。

英式啤酒必须使用高品质的原料。因为在没有强烈酒花风味、低气泡、较高的饮用温度与少量酵母风味的掩护下，一切将无所遁形。

独家配方

🌿 **酿造总量：**19升

起始麦汁糖度：
1.040（10Plato）
啤酒色度：7.4SRM
苦味值：30IBU
酒精浓度：4.3%

🌿 **麦芽配方**

英国淡色麦芽：3千克
焦糖麦芽 -80°L：0.3千克

🌿 **酒花**

东肯特戈尔丁 [6.00%]35克煮沸60分钟
东肯特戈尔丁 [6.00%]30克煮沸10分钟

🌿 **酵母**

叶氏 EA-001
叶氏 EA-002
Fermentis Safale S-04

糖化温度：
65℃持续一小时
发酵温度：20℃
装瓶时的后发酵糖数量：每升4~4.5克

· BEER ·

英式棕色爱尔

English Brown Ale

　　酿造英式啤酒对于许多自酿者来说是困难的。原因一则归咎于英国酵母的普遍性怠惰（低发酵能力）与喜欢沉底休眠（高沉絮性），二者的黄金组合让主发酵相对不稳定，甚至在酵母的工作未完成前就沉降到桶底睡大头觉了。二则是英国酵母的绅士风味独树一帜，其特殊的英式麦芽风味与英系酒花达成的微妙平衡感，是许多自酿玩家想在家中酿出来的风味。

　　英国的高纬度地理位置造就了特殊的凉冷气候，这看似单纯的因素却间接影响到英式啤酒的特征与饮用习惯，我们可以在各款英式啤酒中看到痕迹。英国的气候造成早期麦子发芽时容易催芽不全，有些会发芽过头，有些则拒绝合作不肯发芽。凉冷的天气导致啤酒中容易残存部分发酵的副产物，久而久之，竟成为某些啤酒的风味特征。再加上工业革命前，烘出来的麦芽容易深浅不一，有些已经烧焦，有些则被熏黑，这些因素都造成早期的啤酒皆以深色外貌示人，啤酒中的麦芽风味，比现今的啤酒要复杂许多。接下来要介绍的英式棕色爱尔就属于这样的风格走向，不妨将其视为英式啤酒的原型。

　　英国的麦芽在台湾相对难买，如果买不到英国品牌／品种的大麦芽，就使用其他国家的来替代。在这配方中出现的自制棕色麦芽，可模拟出部分英国麦芽因烘焙程度而显现的风味特征，以带来更多的核果仁味与烘烤麦芽的香气，详细的自制步骤请参考正文45页"深色麦芽的使用方法"的介绍。

独家配方

 **酿造总量：**19升

起始麦汁糖度：
1.049（12.1Plato）
啤酒色度：16.5SRM
苦味值：28IBU
酒精浓度：5.2%

麦芽配方

英国淡色麦芽：3.2 千克
棕色麦芽：0.5 千克
焦糖麦芽：0.25 千克
巧克力麦芽：0.1 千克

酒花

EKG（东肯特戈尔丁）[5%]40 克
煮沸 60 分钟
EKG（东肯特戈尔丁）[5%]15 克
煮沸 10 分钟

酵母

叶氏酵母 EA-001
Fermentis Safale S-04

糖化温度：
65℃持续 1 小时
发酵温度：20℃
装瓶时的后发酵糖数量：每升 4~4.5 克

酿造英系啤酒，英国系列的酒花自是不可或缺的要素。英国几种著名的酒花像是EKG（东肯特戈尔丁）与富格尔都有着英系酒花著名的特征，如木质、土壤与些微的花香。整支啤酒的苦味值无需太高，20~30IBU即可，切莫使用太多香味型的酒花，要记住这种酒的主角是麦芽，酵母与酒花都只是额外的添加物。深色麦芽的用量要适度，毕竟我们要酿造的是棕色爱尔啤酒，而不是黑到不透光的英式世涛啤酒。

　　酵母的选择请使用英国系列酵母，再次强调，英国酵母有着迷人的花香味与优雅的水果酯味，再加上惯性懒惰的倾向（低发酵能力与高沉絮性），必须确保酵母的一定投入数量与活跃程度。如果酵母为自行扩培，请适度增加1.2~1.5倍的扩培量以利主发酵完整进行。发酵温度请控制在19~21℃。

　　英国啤酒的另一特点是气很少，甚至几乎完全没有泡沫也能被接受，因此，后发酵糖的数量也需好好控制，确定主发酵完全结束后再装瓶，加入瓶中的后发酵糖减少到平常的1/2~2/3，详细建议数量请参考酒谱配方。

· B E E R ·

德式深色小麦啤酒

Dunkelweizen

　　德文的Dunkel代表深色之意，而Weizen指的则是小麦，将两个名词直接组合后，即成为德式深色小麦啤酒Dunkelweizen。深色小麦啤酒的种类不多，德式深色小麦啤酒算是最有名气的一种。

　　德式深色小麦啤酒的香气很令人熟悉，可说是常见的德式小麦啤酒的深色版本（请见正文26页"麦芽的种类"），但这深色的来源并非使用黑色小麦（没有原生的黑色小麦品种）来酿造，而是部分使用了烘焙成深色的麦芽来酿酒。

　　在啤酒诞生以来的数千年历史中，淡色啤酒的问世是最近150年左右才发生的事，在这之前的啤酒都为深色的外观。其主因是麦芽在收割与发芽之后必须经过烘干的过程，以利于接下来的贮藏。古代的酿酒师们是使用木材与干草等燃料来烘干麦芽，过程中的火力控制不易，以及燃烧时产生的浓烟造成了麦芽的色泽呈现深浅不一，有的被烧焦，有的被熏黑，酿造出来的啤酒便表现出深色的外貌。直到人类开始大量使用燃煤之后，麦芽烘焙的火力得到控制，烘焙均匀又完整干燥的浅色麦芽才正式踏入啤酒史。由此可知，德式深色小麦啤酒可说是淡色版本的老祖宗，也是热门德国小麦啤酒傲视全世界的起点。

　　但无论是德式深色或淡色小麦啤酒，都以浓厚的香蕉果香与丁香的香料风味著称，由此特征可以得知，它们使用一样的德式小麦啤酒酵母，若是使用非德式小麦啤酒的酵母将完全无法产生出该有的香气。两者间的差异则在于，德式深色小麦芽带有更多深色麦芽所具备的丰富层次感。

　　传统德式淡色小麦啤酒的配方很简单，大麦芽与小麦芽各占一半即可。但德式深色小麦啤酒就相对较为复杂，需要运用更多种类的麦芽去混合出深色版本该有的烤面包、吐司边、些微的焦糖香气。发酵温度的控制与浅色的德式小麦相同，偏高温会产生出香蕉酯风味，偏低温则衍生出丁香酚风味，良好的德式小麦啤酒则应该要两者均衡为佳。这个品系的德式小麦酵母会在过高温发酵（>23℃）产生明显的高级醇（酒精感），因此，在酿造德式小麦系列啤酒时，酵母的品种选择与发酵温度控制，是决定成败的关键因素。

　　酒花的使用很简单，可以选择欧洲的贵族系酒花，像是哈拉道、泰特昂或萨兹都可以。德式小麦啤酒的酒花风味并不明显，苦味值也不高，用量上比大部分的啤酒风格都要少些。我个人喜欢把深色版本的小麦啤酒做得稍稍苦一点，这样可以平衡一下焦糖麦芽与深色麦芽带来的厚重感。

独家配方

酿造总量：19升

起始麦汁糖度：
1.051 （12.6Plato）
啤酒色度：16.0SRM
苦味值：16.4IBU
酒精浓度：5.4%

麦芽配方

小麦麦芽：2.2 千克
慕尼黑麦芽：0.9 千克
比尔森麦芽：0.6 千克
焦糖麦芽 −60°L：0.3 千克
巧克力麦芽：0.15 千克

酒花

哈拉道 [4.00%]25 克煮沸 60 分钟
哈拉道 [4.00%]15 克煮沸 15 分钟

酵母

叶氏 GA-001
叶氏 GA-003
Fermentis Safbrew WB-06

糖化温度：
67℃持续 1 小时
发酵温度 17℃
装瓶时的后发酵糖数量：每升 6.5~7 克

比利时淡色爱尔

Belgian Pale Ale

比利时淡色爱尔是比利时啤酒中酒精浓度偏低的酒种，适合轻松喝、天天饮用，也是啤酒天堂比利时各系列啤酒中酿造门槛最低的、十分适合初学者拿来练习的酒谱，待熟练了之后，再往其他高酒精浓度的啤酒前进。

比利时啤酒的酒精浓度一向偏高，比利时淡色爱尔5%~6%的酒精浓度已经是起跳的最低标，相对于隔着海峡对望的英国啤酒，5%~6%的酒精浓度在英国啤酒界已经算是中高等级，由于两个国家对于啤酒税收方式的不同，进而造成啤酒市场的主流各异，这也是酿酒之余可以观察到的有趣现象。如果你喜欢高酒精浓度啤酒带来的醺醺然感受，选择酿造比利时啤酒会是个不错的选择！

比利时啤酒很重视酵母风味的展现，在淡色系的比利时啤酒中（深色系则是酵母与深色糖风味的交融）尤为明显。这里介绍的比利时淡色爱尔的两大特色为酒精浓度低与简单易入口，因此，第一要选择对的酵母品系，才能产生正确的酵母香气，很多比利时修道院系列酵母都很适合。要注意这种啤酒不能带有过甜的尾韵，必须以相对的干爽结尾，所以主发酵的控制很重要，一定要等残糖被酵母吃完后才能装瓶。

比利时淡色爱尔虽说是淡色，但许多市售版本明显偏向红铜色，并以较鲜明的吐司边与焦糖香气来与酵母风味作搭配。基础麦芽的选择以比利时麦芽为首选，比利时基础麦芽的风味相对清淡，得以展现酵母风味，或表现出啤酒中额外加入的香料风味。相对来说，英国的麦芽风味浓郁，比较不适合酿比利时酒。使用基础麦芽之外，可再添加部分的焦糖麦芽来提升酒体，但切勿加太多，以免造成酒体过重而降低了适饮性。

酒花的选择很宽广，基本上，欧洲的贵族酒花系列都可以，捷克的萨兹与英国的EKG（东肯特戈尔丁）酒花也都是好选择。但请避免使用高阿尔法酸的酒花，这些酒花力道太强，容易破坏平衡。

独家配方

🍃 **酿造总量：19升**

起始麦汁糖度：
1.051（12.6Plato）
啤酒色度：9.6SRM
苦味值：26IBU
酒精浓度：5%

🍃 **麦芽配方**

比尔森麦芽：3.8 千克
饼干麦芽：0.2 千克
焦糖麦芽 −60°L：0.2 千克
特种 B 级麦芽：0.1 千克

🍃 **酒花**

东肯特戈尔丁 [6%]30 克煮沸 60 分钟
萨兹 [3.5%]20 克煮沸 15 分钟

🍃 **酵母**

叶氏酵母 BA-003 Trappist 比利时修道院酵母
Fermentis Safbrew S-33

糖化温度：
67℃持续 1 小时
发酵温度：19~21℃
装瓶时的后发酵糖数量：每升 5~5.5 克

· BEER ·

波西米亚比尔森啤酒
Bohemian Pilsener

　　波西米亚比尔森啤酒又称为捷克比尔森，是全世界第一只金黄色的啤酒，于1842年出现在捷克的比尔森市。由于在此之前，啤酒都是深色的，其金黄色的外观让当时的消费者趋之若鹜，造就了这支啤酒在历史上的极重要地位。金黄色外观的最大关键是浅色麦芽的出现（详细讨论请见正文26页"麦芽的种类"），颜色最浅的基础大麦芽大多以比尔森为名。再加上工业革命之后，由于冷冻机的使用日趋成熟，让酿酒师们可以不受气候限制而能酿造出拉格型啤酒，这也是比尔森啤酒得以席卷全球的原因之一。

　　波西米亚比尔森啤酒的特色包含经典的金黄色外观、丰富的浅色麦芽香气、贵族型酒花的风味，以及干净清爽的结尾。最重要的是，这种啤酒还必须有明显的苦味残留，否则，就不能冠上波西米亚之名了。该类型啤酒的麦芽配方相对简单，可以直接使用100%基础麦芽中的比尔森麦芽，其他的烘烤麦芽、焦糖麦芽都是多余的选择。

　　酿造比尔森啤酒的困难点在于发酵控制。比尔森啤酒属于拉格型啤酒，使用需要低温发酵的拉格酵母（9~15℃），对于家庭酿酒师来说会很辛苦，因为台湾的气温偏高，冰箱在拉格啤酒的酿造过程中成了必需品。加上拉格啤酒需要长时间的低温熟成

（4~5℃，时间3~8星期），才能让啤酒达到最佳状况，这么长的熟成时间会占用有限的冰箱空间，导致没空间再酿别的酒。因此，拉格啤酒看似简单，却是家中最难酿造的啤酒风格之一。

至于酒花的选择，只要是欧陆的贵族型酒花都可以使用，但如果要酿最正统经典的波西米亚比尔森啤酒，就要使用捷克最有名的萨兹酒花，它的阿尔法酸很低，有着优雅的花香气，在整个贵族型酒花系中显得格外不同，我曾经尝试过干投萨兹酒花，也得到很好的效果。要特别注意的是，波西米亚比尔森啤酒必须要有一个明显的苦味值，BJCP的苦味值规范也标明这种啤酒风格的IBU为35~45，喝完这种啤酒必须有一定程度的苦味留在口腔之中，不然就无法称之为波西米亚比尔森啤酒了。

在酵母的选用上，顾名思义选择拉格酵母，因为这种酒不需要过多的酵母酯香气，所以不能使用爱尔酵母，但某些爱尔酵母在低温发酵下也能有干净的好效果，富有实验精神的朋友不妨一试。拉格啤酒的发酵一直是自酿者十分头痛的问题，因为拉格的发酵温度低，酵母在低温下的活动力大减，投入的酵母数量必须足够多，建议以爱尔发酵的两倍量来计算。

独家配方

酿造总量：19升

起始麦汁糖度：
1.053（13.2Plato）
啤酒色度：3.5SRM
苦味值：40IBU
酒精浓度：5.4%

麦芽配方

比尔森麦芽：4.5 千克

酒花

马格努门 [12%]25 克煮沸 60 分钟
萨兹 [3.5%]30 克煮沸 10 分钟
萨兹 [3.5%]20 克煮沸 0 分钟（加入即关火）

酵母

叶氏酵母 GL-001
Fermentis Saflager W34/70

糖化温度：
67℃持续 1 小时
发酵温度：
10℃，请注意以两倍的酵母量投入
装瓶时的后发酵糖数量：每升 6~7 克

· BEER ·

科隆爱尔啤酒

Kölsch Ale

　　科隆爱尔啤酒在分类上被归为混合型发酵啤酒的一种。混合型啤酒顾名思义是把原本习惯于高温下发酵的爱尔酵母，在相对低温的环境中发酵；反之，则是把习惯于在低温下发酵的拉格酵母，以相对较高温度来发酵，两者皆能呈现出与原本不同的风味，通常其风味特性就介于爱尔型啤酒与拉格型啤酒之间。而在这里介绍的科隆爱尔啤酒则是属于前者，使用爱尔酵母来低温发酵。

　　科隆爱尔啤酒属于德国科隆的地区性啤酒，虽然名气不像其他爱尔型淡色啤酒，如近年来大受市场欢迎的美式／英式淡色爱尔，也不如比它更为清淡爽口的拉格啤酒那样受到一般消费者垂青，常常给予人一种不上不下、可有可无的配角印象。但酿造优秀的科隆爱尔啤酒却是我的最爱之一。

　　"轻巧滋味的平衡"是我心目中对此款酒的最佳注解。科隆爱尔啤酒在风味上有着适度的麦芽香气，但不会过于强烈（请考量到此酒种的低酒精浓度）。香气上有微弱的果香，这是科隆爱尔啤酒特有的酵母在低温下所产生的细致风格，常常带有一点点桃子与花香的联想，但绝不能过多（水果酯香过多就成了一般的爱尔）。再加上一点点淡淡德系贵族型酒花的优雅风格，木质赋予些许土壤的辛香味——就这样，丝毫不能让喝的人产生如美系啤酒那样霸道的联想。

　　至于麦芽的选择，请以高品质的浅色麦芽或比尔森麦芽为基底，配上一点点小麦麦芽或维也纳麦芽即可。由于麦芽配方简单，品质不佳或是库存已久的麦芽缺陷味道会在

此酒种中被放大，不可不慎。对科隆爱尔啤酒而言，焦糖麦芽的味道是完全不需要的，焦糖麦芽带来的甜味与酒体会让酒与目标完全脱节。千万要按捺住想赶快消耗掉库存特种麦芽的心情，如果真是这样想，不如干脆改酿别的酒种，还要更快一点呢。

　　酵母的选择请务必使用Kölsch特殊酵母，若用一般的干酵母，将无法展现出此酒种的特殊细致风味。发酵温度请在13~17℃做选择，温度低一些，能发酵产生细致且平衡的果香，温度高一点，则会带来特殊的甜瓜香气。请注意，因为发酵温度相对于一般爱尔型啤酒偏低，请提高酵母的投入数量，也就是酵母的投入比例一定要足够，否则，低温下酵母的活力下降，不足量的酵母会产生发酵不完全的问题。

　　当年之所以会想尝试这款相对冷门的酒种，是因为第一次透过朋友买到新鲜高品质的德国Weyermann麦芽。要知道Weyermann这种名牌的德国麦芽，在我们的心目中，是宛如德国车那样高不可攀，在早年台湾自酿啤酒原料极其缺乏的日子，能买到麦芽就很不错了，即便是不知名品牌的库存品都要笑着掏出钱来，从此可知，当拿到这种麦芽时有多兴奋了。几位朋友提议实验看看，新鲜麦芽对于啤酒的影响程度究竟有多大。当时顺手翻了书，查了一下酒谱后，决定以科隆爱尔啤酒这样简单的麦芽配方、低酒精浓度的酒体，以及少量的酒花来进行实验。几次下来的结果相当正面，大伙对于在家酿出的Kölsch赞誉有加，此酒种也成为我每年夏天必定酿制的淡色清爽风格啤酒。

独家配方

🍃 **酿造总量：19升**

起始麦汁糖度：
1.047（11.7Plato）
啤酒色度：4.2SRM
苦味值：26.4IBU
酒精浓度：4.8%

🍃 **麦芽配方**

浅色麦芽：3.4 千克
小麦麦芽：0.4 千克

🍃 **酒花**

马格努门 [12%]15 克煮沸 60 分钟
哈拉道 [4%]12 克煮沸 15 分钟
哈拉道 [4%]10 克煮沸 5 分钟

🍃 **酵母**

叶氏 GA-004 德国科隆啤酒
Fermentis Safale US-05

糖化温度：
67℃持续 1 小时
发酵温度 15℃
装瓶时的后发酵糖数量：每升 6~6.5 克

· B E E R ·

德式小麦啤酒
Hefeweizen

　　好多年前，我第一次在美国喝到这种类型的啤酒，并没有留下太深刻的印象。现在回想起来，可能是当时买到的瓶装德国进口啤酒已经放了一阵子，该散的味道早就散了。直到几年前偶然机会在台北的GB餐厅与这款酒重逢，当下觉得还不错，酒的苦味很低，加上特有的香蕉味很有趣，"应该是女生才会爱喝的啤酒类型吧"，当时我的心里是这样想的。

　　后来喝过几次德国进口啤酒，自己也酿了几回。其中印象最深刻的一次，竟然是好朋友林育正先生的家酿作品。林育正先生是位设计师，典型的生活艺术家，浪漫随意的个性竟将这支酒的特性表现得淋漓尽致。Hefeweizen特有的香蕉味恰到好处而不过重，香料味明显且还带着一股特殊的花香味。哇，原来这类啤酒这么适合在家自酿！我以前真的完全小看它了。

　　德文中，Hefe代表酵母，而Weizen指的则是小麦，又因这种酒不过滤，且其酵母的沉絮性低而造成酒色浑浊，因此，Hefeweizen可解释为漂浮着酵母的小麦啤酒。

　　德式小麦啤酒的关键点在于酵母，而酵母的特点又在于其独特的香料与香蕉风味。

相关的德式小麦酵母的选择虽然有好几种，但若想真正发挥Hefeweizen的特性，液态酵母几乎成为最佳的答案。虽然不同的德式小麦液态酵母特性各有不同，但共同点在于其建议的发酵温度范围，偏高的发酵温度会产生明显的香蕉香气，偏低温的发酵温度会产生类似丁香的香料风味，自酿玩家们可借由发酵温度的调整来改变这款德式小麦酵母的风味走向。

由于台湾处于亚热带环境，大半年内的环境室温对于这些液态酵母的酿造温度来说都过高，原因是这些酵母处于高发酵温度（大于27℃）下会产生较多的高级醇与类似硫磺的气味，产生令人不悦的感觉，因此，会建议自酿者准备温控设备，以能达到最佳效果。

德式小麦啤酒的特点就是"简单的麦芽配方"。直接以50%大麦芽配上50%小麦芽，二者各半一目了然，只要搭配正确的酵母品种与发酵控制，就能酿出美味的德式小麦啤酒。

独家配方

酿造总量：19升

起始麦汁糖度：
1.049（12.2Plato）
啤酒色度：3.9SRM
苦味值：13.4IBU
酒精浓度：5%

麦芽配方

浅色麦芽：2 千克
小麦麦芽：2 千克

酒花

哈拉道 [4.00%]20 克煮沸 60 分钟
哈拉道 [4.00%]15 克煮沸 15 分钟

酵母

叶氏 GA-001
叶氏 GA-003
Fermentis Safbrew WB-06

糖化温度：
67℃持续 1 小时
发酵温度 17℃
装瓶时的后发酵糖数量：每升 6.5~7 克

· BEER ·

美式淡色爱尔

American Pale Ale

　　美国系列的精酿啤酒这几年来大受欢迎，消费者的接受度很高，销售量总是名列前茅，是入门的精酿啤酒爱好者都不会错过的酒款。美国啤酒基本上与英国啤酒有着难以分割的渊源，例如，美式的淡色爱尔与英式的淡色爱尔就很类似。一般来说，在相同的酒种下，美系啤酒有着更明显的美国品种酒花的香气，英系啤酒则是酒花风味淡一些，带着英国品种酒花特有的优雅。口感上，美系啤酒比起英系啤酒不那么甜，也不像英系啤酒较多着墨于麦芽香气。

　　在我心目中，好的美式淡色爱尔大致分成两种类型，一种是以明显的饼干、麦芽与些微焦糖麦芽香气（但还是没英国酒那么重麦芽味）为主体，加上适量的美系酒花做风味上的引导。另一种则是明显地偏向美系酒花风味，有着较明显的柑橘与热带水果风味（但还是没有IPA那么重），而麦芽味道则相对薄弱一些。前者以Sierra nevada的Pale ale为代表，后者我自己则倾心于同样位于加州的Drake's 1500 American pale ale。

　　在酿造美式淡色爱尔时，酵母的选择首重风味干净，不能也不需要太有个性的酵

母，加上此种酒的酒精浓度低（5%~6%），残留在酒中的糖分因为不能太高，最好选择酵母消耗糖分能力佳（Medium to high attenuation）的酵母，免得失去这种酒该有的清爽夏日风格。在酒花的选择上，除了要选择美国系列的酒花，更重要的是酒花的品质。要知道酒花的味道会因为储存环境是否适合（真空冷冻保存为最佳），储存时间的长短（放太久风味会尽失）而有大幅的改变。所以请选择品质可靠的酿酒原料供应商，确保能买到保存良好的新鲜货，也可直接向国外产地邮购当季酒花，再自行适当保存。有了好的酒花，才能酿出风味饱满的啤酒。

　　在麦芽的选择上，我喜欢以浅色麦芽为基底，配上适当的慕尼黑麦芽来增添点麦芽味，加上浅色（10~40°L）的水晶麦芽带出酒体，再以少量的小麦麦芽来帮助成泡性，麦芽配方无需太复杂，效果就很好。只要选对酵母，配上品质好的美系酒花，简单的麦芽配方，就能轻易酿出成功的夏日圣品American pale ale！

独家配方

🌿 **酿造总量：19升**

起始麦汁糖度：
1.049（12.1Plato）
啤酒色度：6SRM
苦味值：32IBU
酒精浓度：5%

🌿 **麦芽配方**

浅色麦芽：3 千克
慕尼黑麦芽：0.6 千克
深焦糖麦芽：0.3 千克
小麦麦芽：0.1 千克

🌿 **酒花**

地平线 [12.00%]20 克煮沸 60 分钟
百周年 [10.00%]10 克煮沸 5 分钟
百周年 [10.00%]20 克煮沸 0 分钟
（熄火时投入）
百周年 [10.00%]30 克冷泡 3 天

🌿 **酵母**

叶氏 AA-001 美系啤酒酵母
Fermentis Safale US-05

糖化温度：
67℃持续 1 小时
发酵温度 19℃
装瓶时的后发酵糖数量：每升 6.5~7 克

227

· BEER ·

比利时白啤酒

Witbier

"竟然有白啤酒？这是什么啤酒啊？"

很多人在第一次看到这个啤酒名称时，都从心底产生以上的疑问。所谓"白啤酒"指的就是"比利时的小麦啤酒"，称其白色的原因来自于这种小麦啤酒有着白皙的泡沫。另一说法则是小麦啤酒有着更多的蛋白质（来自于小麦），蛋白质悬浮于酒中造成酒色的浑浊似雪，因而称为白啤酒。这种啤酒有着明显的果香与适度的香料味，配合上微甜清爽的酒体，低酒精浓度无负担，是很适合在夏日大口畅饮的酒种。

很多自酿朋友酿制的比利时白啤酒，常常都会发生风味不平衡的问题。很多人以为既然需要果香味，便投入过多的柑橘皮；也有人觉得既然要做出香料味，往往香菜种子一下手就过重；有些人为了更轻盈的酒体，却一不小心因为酒体太轻而显得太苦，这些都是很明显的酿造缺失。

在麦芽配方上，比利时白啤酒的酿造，基本上是使用大麦与小麦各半的麦芽配方，有时会加上一小部分的燕麦（10%左右）来增加顺滑的口感。要注意的是，传统的比利时酒厂会使用"生小麦"来酿造，生小麦指的是"未经发芽程序的小麦"，并非一般酿酒使用的小麦芽。生小麦会带来更丰富的谷物风味，因为未经过发芽程序，而有更高比例的蛋白质进入酒中，导致啤酒更浑浊（这对于白啤酒是个优点！），泡沫的维持性也更佳。但因生小麦很硬，对于在家碾麦还真是一大考验，再加上生小麦中缺乏淀粉酶，

在糖化上得适度延长时间，以免糖化不全。所以还是建议直接使用小麦芽吧！二者之间的差异，不妨等到日后进阶时再来仔细研究。

传统的比利时白啤酒需要加入香菜种子来增添香料味。香菜种子的种植地很多，新鲜程度各异，导致风味上的差距很大，必须根据拿到的实物来调整。我会建议一开始先少量的使用，因为用太少不会差异太大，用太多却会产生过于强劲的香料味，很难入口，这通常也是比利时白啤酒最常犯的错误。香菜种子可在种子行购得，使用前请先充分碾碎，并于煮沸的末期加入即可。

另一种比利时白啤酒的特殊用料是柑橘皮。传统比利时酒厂是采用欧洲常见的干燥苦橙皮，根据我个人实验的结果发现，使用当地新鲜的柑橘类皮层具有很好的效果，无需花大钱从国外买干橘皮。使用的分量也要小心，过多会把皮中的柑橘精油带入酒中，造成不适的微微灼辣感。使用方式与香菜种子相同，只要打碎后于煮沸的尾段加入即可。

至于酵母的使用，请使用比利时白啤酒专用的酵母，其他种类的酵母无法产生出该有的风味，不建议使用德式小麦啤酒酵母，那会产生完全不同风格走向的味道。酒花的选择请使用欧陆的贵族型酒花，酒花的香气在这种类型的啤酒中是非常微弱的，甚至可以完全不需要香味型酒花。

独家配方

酿造总量：19升

起始麦汁糖度：
1.049 （12Plato）
啤酒色度：3.1SRM
苦味值：14.5IBU
酒精浓度：4.9%

麦芽配方

比尔森麦芽：2 千克
小麦麦芽：1.6 千克
燕麦片：0.4 千克

酒花

哈拉道 [4.00%]25 克煮沸 60 分钟
萨兹 [3.50%]10 克煮沸 15 分钟

酵母

叶氏 BA-002
Fermentis Safbrew WB-06

糖化温度：
67℃持续 1 小时
发酵温度 20℃
装瓶时的后发酵糖数量：每升 6~6.5 克

德式梅尔森（三月啤酒）/ 十月庆典啤酒

Märzen / Oktoberfest

　　很多人见到这个名字都会觉得奇怪，为什么一向以精准、严谨著称的德国人，会在一种啤酒类型中出现两个月份来命名，到底是怎么一回事？

　　"梅尔森"是德文中三月的意思，德国啤酒传统以低温发酵的拉格型啤酒，在工业革命/冷冻机尚未普及的时代来临之前，酿酒师得要看天气才能酿酒。而三月就是在德国夏天来临之前，最后一个凉爽且适合酿造啤酒的月份，酿酒师必须趁三月结束前，将之前收成储藏的原料（麦芽与酒花）使用完毕。酿制而成的啤酒则可以持续喝到夏天过后，等进入秋天后，才能再度开始酿制啤酒。传统上，十月是德国第一个可以开始酿酒的月份，人们会齐聚饮酒庆祝酿酒季节的来临，后来遂演变成"慕尼黑十月啤酒庆典"，而三月酿酒、十月饮用，也因缘际会从历史现象演变成啤酒风格的名称。

　　德国啤酒以低温发酵的拉格为主，搭配以爱尔发酵的德式小麦啤酒，点缀以混合型发酵Hybrid的科隆啤酒与杜塞尔多夫老啤酒，成就出丰富多彩的德国啤酒世界。这边要探讨的就是德国拉格型啤酒中，占有重要地位的德国梅尔森啤酒。

德国梅尔森属于琥珀色拉格的范畴，虽然在近几十年来，一直有不断朝"淡色"演进的趋势，几乎快成为德国比尔森那种淡色的样子。传统的德国梅尔森因为颜色偏向琥珀色，会出现较多的吐司边、面包与麦芽香气。这些香气风格的展现，绝大部分来自于麦芽本身，所以买新鲜的麦芽与选择合适的麦芽种类，成为规划酒谱上最大的课题。

基础麦芽的部分，有些人会选择使用最浅的比尔森麦芽，但我总觉得浅色麦芽提供了较多的麦芽香气，搭配起深一点的烘焙麦芽如慕尼黑麦芽，可达到更好的效果。焦糖麦芽的使用只是为了提供这种啤酒饮用时的饱满感，但绝对不能太多，有些酒谱动辄使用超过10%的焦糖麦芽，会导致整支酒的重心歪斜到太黏稠、太厚重的方向，这样就失去所谓琥珀拉格那种"一切都刚刚好"的有趣平衡了。

在酵母的选用上，顾名思义要选择拉格酵母，因为这种酒不需要过多的酵母酯香气，要尽量避免使用爱尔酵母。但某些爱尔酵母在低温下发酵也能有干净的好效果，例如常见的Safale US-05美式酵母，富有实验精神的朋友也不妨一试。拉格啤酒的发酵一直是让自酿者很头痛的问题，因为拉格的发酵温度低，酵母在低温下的活动力大减，所以投入的酵母数量要够多。请以爱尔发酵的两倍量来计算，在主发酵完成后的低温熟成时间，请以3~4个星期为基准来计算。

酿造德系啤酒就选择欧洲系列的贵族型酒花。德国的哈拉道是便宜、容易取得，又有合适风味的选择，这种酒花带着适度的木质与药草香气，可展现出此一风格该有的味道。梅尔森啤酒的苦味值不高，基本上喝起来不会感受到苦味，约20出头的IBU即可。

独家配方

🌿 **酿造总量**：19升

起始麦汁糖度：
1.057（13.9Plato）
啤酒色度：8.1SRM
苦味值：22.6IBU
酒精浓度：5.8%

🌿 **麦芽配方**

浅色麦芽：2.2千克
慕尼黑麦芽：2.2千克
焦糖麦芽 −40°L：0.2千克

🌿 **酒花**

哈拉道 [4.00%]45克煮沸60分钟
哈拉道 [4.00%]20克煮沸5分钟

🌿 **酵母**

叶氏酵母 GL−001
Fermentis Saflager W−34/70

糖化温度：
67℃持续1小时
发酵温度：
12℃，请注意以两倍的酵母量投入
装瓶时的后发酵糖数量：每升5~5.5克

· B E E R ·
美式印度淡色爱尔
American India Pale Ale, IPA

对于绝大多数精酿啤酒迷来说，美式的印度淡色爱尔永远占据心头上的一个位置。有些人会觉得IPA风格太过强烈，酒花的香气是舞台上的主角，麦芽与酵母都只能跑龙套；有些人觉得IPA太苦，喝一口就很难忘记它的存在，就像初恋分手的情人成为心中永远的那抹月光；有些人觉得IPA……但你很难听到啤酒迷说IPA不好喝，因为这样的答案就代表着你还是精酿啤酒圈外人，这是茫茫人海中辨别你我是否同类的标准问题。

IPA全名是India Pale Ale，可以直接翻译成"印度淡色爱尔"，India在此的用法是精酿啤酒世界的分类里独一无二的，它并不代表产地，也无关使用原料，而是一段属于大航海时期的历史故事：

公元18世纪，大英帝国在殖民统治印度之后，许多在印度驻守的英国官员与士兵对于啤酒有莫大需求，但从英国本岛以帆船运送啤酒到印度需要4~6个月的船期，当时的啤酒很难熬过这段储藏于木桶中、忍受着海风、温差变化的颠簸旅程，许多啤酒运至印度时都已变质感染，无法饮用。当时伦敦的啤酒制造商想出了变通方式：将具有抑菌特性的酒花大量加入啤酒之中，并提高啤酒的酒精浓度，让啤酒在长途旅行中不容易酸败。没想到这样制作出的啤酒意外有着浓厚的酒花风味与苦味，反而受到更多人的喜爱！印度淡色爱尔IPA于是脱颖而出，见证了人类几世纪前拓展未知世界的旅程，一跃成为现代精酿啤酒席卷全球风潮中的明星。

只可惜这段IPA历史故事却不是事实。

实际上，IPA的美好故事是现代酒厂在精酿啤酒复兴运动中所杜撰出来的，让传奇的啤酒类型披上合理的历史外衣。虽然不真实，但看来颇为美好，且能自圆其说，不是吗？

在酿造美式IPA上，酵母的选择与美系淡色爱尔APA相同，酵母首重风味干净，不能也不需要太有个性，美系IPA的酒精浓度比起APA稍高（5.5%~7.5%），因而酒中的残糖控制变得很重要：选择酵母消耗糖分能力佳（Medium to high attenuation）的酵母，甚至在酿造高酒精浓度的IPA时（酒精浓度大于7%），考虑加糖以降低酒体的黏稠感，免得失去这种酒该有的清爽风格。

在酒花的选择上，除了要选择美国系列的酒花，更重要的是酒花的品质。要知道酒花的味道会因为储存环境是否适合（避光真空冷冻保存为最佳），而影响到储存时间的长短（放太久风味会尽失）。请选择品质可靠的酿酒原料供应商，以确保能买到保存良好的新鲜货，也可直接向国外产地邮购当季酒花，再自行适当保存。有了品质良好的酒花，才能酿出酒花风味饱满的啤酒。

提及IPA的酿造，为了做出饱满诱人的酒花香气，使用"干投酒花"技巧变得非常重要。干投酒花的注意事项，请参阅正文68页"酒花"的内容。

至于麦芽的选择，请以浅色麦芽为基底，配上适当的慕尼黑麦芽来增添些许麦芽味，加上少量（小于5%）浅色（10~40L）的水晶麦芽带出酒体，再辅以少量的小麦麦芽来加强成泡性。只要选对酵母，配上美系酒花与正确的干投酒花方式，自己就能酿出优秀的IPA。

独家配方

🍀 **酿造总量：19升**

起始麦汁糖度：

1.066 （16Plato）

啤酒色度：6.7SRM

苦味值：54.8IBU

酒精浓度：6.8%

🍀 **麦芽配方**

浅色麦芽：4.5 千克

慕尼黑麦芽：0.5 千克

深焦糖麦芽：0.25 千克

小麦麦芽：0.1 千克

🍀 **酒花**

沃里尔 [15.00%]30 克煮沸 60 分钟

百周年 [10.00%]30 克煮沸 5 分钟

锡姆科 [13.00%]30 克煮沸 0 分钟

（熄火时投入）

百周年 [10.00%]30 克冷泡 3 天

锡姆科 [13.00%]30 克冷泡 3 天

🍀 **酵母**

叶氏 AA-001 美系啤酒酵母

Fermentis Safale US-05

糖化温度：

66℃持续 1 小时

发酵温度 18~20℃

装瓶时的后发酵糖数量：每升 5.5~6 克

· B E E R ·
塞森啤酒
Saison

　　常常在书上看到作者提及对于Saison这种比利时啤酒的迷恋——Saison是最适合在天堂喝的酒，因为Saison迷人的特殊香料风味、金黄澄澈的颜色、让人舌尖跳舞的高含气量，喝起来像天使发梢般细致的平衡……以上这些我都赞同。

　　"可是……也有人说，天堂没有啤酒，因为那里不需要任何世俗的东西，就足以快乐生活了啊！"

　　关于天堂No.1 Beer的这个命题，我想，10个人可能会给出10种答案吧，但对于我来说，天堂应该伸手可及、处处是啤酒，而且都是喝来让人嘴角上扬的好啤酒，一定是这样的……说到这里，该喝杯什么好呢？还是来杯Saison吧！

　　塞森啤酒原产于比利时靠近法国的省份Hainault，是农夫们在农闲之余酿造，在辛劳的夏日工作之余解渴与强健体力用的啤酒。早期Saison的麦汁起始浓度比较低（1.040或9.5Plato），但经历长时间的演变，到现在一般已提高到1.048～1.062（11.5～15Plato），有些特殊版本甚至还高达1.085（20Plato），这已经到了大麦酒的标准。不过回头想想，Saison是农夫在农舍酿造给自己喝的酒，基本上很随兴，有什么就放什么进去，这不就是妈妈们最厉害的下厨本领吗？不按照食谱，全凭直觉，妈妈们就有办法变出一桌好吃好看又营养丰富的爱心料理。光凭这点就知道，难怪上了天堂会想喝Saison，还真的有其道理。

　　麦芽的选择上，以最浅的比尔森麦芽为基底麦（要用浅色麦芽也可以），搭配大约

20%左右同样偏浅色系的维也纳麦芽或是慕尼黑麦芽即可，这是最简单的麦芽配方。加入少量的浅色焦糖麦芽（色度小于20°L）可让酒体稍饱满一些，但只能一点点，太多酒体就走味了。小麦芽同时也是个好选择，大约10%左右的小麦芽就能让啤酒泡沫变得持久且滑润。

至于酒花的选择，基本上只要属于欧洲的贵族酒花系列都可以，像是萨兹酒花便是好选择，而东肯特戈尔丁酒花则被广泛地应用在许多商业Saison中。要注意的是，请避免使用高阿尔法酸酒花，我觉得这些酒花的力道太过强烈，很难做到Saison所需的柔软与平衡。

香料的使用上也请酌量，传统的使用量很少，是一种若有似无的存在。有句话相当传神："当你喝得出来用什么香料时，就表示你用得太多了。"很多Saison的配方里看得到黑胡椒粒、茴香、香菜种子等。别怀疑，这不是腌肉食谱，真的是Saison酒谱！考虑到台湾人对啤酒中出现这些香料味的接受度并不高，建议你在香料的使用上要很节制，甚至不要加，只要选择对的酵母与发酵温度即可。

酵母的选择请务必使用Saison酵母。可能有人会立即举手："请问有别的酵母可以取代吗？要方便买、方便用的。"嗯，那还是请你先改酿别的酒吧。比利时Saison酵母算得上是比利时众多啤酒酵母中最古老且最独特的品种。这些Saison酵母会产生独特的香料味，而且常带出些许皮革味、类似一点点野生菌种的酸香气与一点柑橘风格的联想。发酵的温度除了是酿制重点也是优点，发酵温度需维持在23~27℃，有些国外的酿酒师甚至认为在30℃前后都还是可接受范围。

独家配方

 酿造总量：19升

起始麦汁糖度：
1.057（14.5Plato）
啤酒色度：4.2SRM
苦味值：27.9IBU
酒精浓度：6.5%

 麦芽配方

比尔森麦芽：4 千克
慕尼黑麦芽：0.4 千克
小麦麦芽：0.4 千克

 酒花

萨兹 [4%]40 克煮沸 60 分钟
东肯特戈尔丁 [6%]20 克煮沸 15 分钟
东肯特戈尔丁 [6%]20 克煮沸 5 分钟

 酵母

叶氏 BA-001 比利时农夫啤酒酵母
Lallemand Bella Saison

糖化温度：
64℃持续 1 小时
发酵温度：23~27℃
装瓶时的后发酵糖数量：每升 6~6.5 克

· BEER ·
比利时三倍啤酒
Tripel

　　在世界上各啤酒的分类中，比利时的修道院啤酒Abbey / Trappist beers系列有着特殊意义，它是独一无二的存在。比利时天主教修道士酿造与饮用啤酒的历史，可追溯到千年之前，修道院系列中的啤酒种类众多，其味道、酒精浓度、香气都很难用单一风格来形容。现在市面上的比利时修道院啤酒，并不一定是在修道院由修士们所酿造出来的，因为历史原因、产能及需求的众多考虑下，有很多修道院啤酒是在一般的酿酒厂中生产，也有些还打着依照数百年前配方重新生产的"复刻版本"。但无论如何演变，都足以证明修道院啤酒在世界啤酒发展史中的特殊地位，以及受欢迎的程度。

　　众多的修道院啤酒中，酒精浓度最低，风味也最清淡的是"单倍（Singel）啤酒"，这原本是在修道院里日常饮用的啤酒，酒精浓度自然不能太高（不然工作到一半却醉了怎么办？），市面上极少看到，其起始比重大约是1.050或12Plato，其颜色一般都偏淡，有着新鲜水果香气与一点点的香料味，是清爽易饮的风格。而所谓的"双倍（Dubbel）啤酒"则展现出完全不同的个性，它的起始比重更高，约1.063或15Plato，酒精浓度大约在ABV7%上下，颜色几乎呈现深琥珀色，有着浓郁的麦芽与焦糖香气，并伴随着香料与果干的沉稳味道。而更高的则是"三倍（Tripel）啤酒"，有着高达1.080或19Plato的起始比重，酒精浓度更高达ABV9%~11%，颜色则转回类似Singel那样的金黄清澈，有着比利时酵母独特的浓浓水果香气与复杂的香料味，还有一些些酒花尾韵，虽然酒精浓度高，但喝来却不甜也不黏腻，一不小心就很容易喝下太多。

通常在家里只要酿了几批成功的啤酒后，你就会想酿高酒精浓度的啤酒。在Homebrew的世界里，要酿制三倍啤酒反倒比双倍啤酒容易。因为其麦芽配方简单，只要控制好酵母与温度，成功的机会相当高，很推荐给进阶的自酿玩家们尝试。在麦芽的选择上，以最浅的比尔森麦芽为基底麦（你要用浅色麦芽也没问题），有些人会再加一些慕尼黑麦芽来增加麦芽复杂度，但量不需太多（1%~3%）。如果是第一次酿，我会建议使用100%的基础麦芽即可。要注意的是，由于这种酒的麦芽配方简单，没有使用任何的特殊麦芽或是焦糖麦芽，因而基础麦芽的品质变得非常重要，请尽可能找你能买到最新鲜、最高品质的麦芽来使用。

比利时的高酒精浓度啤酒，一般会加入糖来提升起始比重。这是因为以酿造高酒精浓度为前提的酒谱，如果只是一味地增加麦芽量以取得更高的麦汁浓度，会酿出太过厚重黏腻的高酒精浓度啤酒。因为增加了麦芽用量，同时也会带来更多的麦芽糊精，这对于强调金黄色泽、相对清爽的三倍啤酒来说并不适合，因此，传统上会加入比利时的甜菜糖来提升麦汁浓度与最后酒精浓度，并保有相对的清爽口感。在台湾，比利时的甜菜糖量少价昂，由于这里采用的是最浅色的甜菜糖，可直接使用白砂糖替代。

基本上，选择欧洲的贵族酒花系列都可以，像是哈拉道、萨兹，甚至于Stryian戈尔丁都是好选择。不建议使用高阿尔法酸的酒花。

酵母的选择务必使用比利时系列酵母，一般的干酵母无法产生该有的比利时特有水果酯味。并且由于麦汁起始比重很高，请提高酵母投入的数量或直接投入两份的酵母，以利主发酵完整进行。发酵温度请控制在19~21℃。

糖化温度请选择较低的区间64℃，以产生更多的可发酵糖并减少酒中的残糖量，要注意三倍啤酒的尾韵需干净而不甜，过高的糖化温度会让酒喝起来过甜，让三倍啤酒完全走样，请务必多加留意。

独家配方

酿造总量：19升

起始麦汁糖度：
1.076（18.4Plato）
啤酒色度：5.1SRM
苦味值：22.4IBU
酒精浓度：9.2%

麦芽配方

浅色麦芽：5 千克
白砂糖 1 千克

酒花

哈拉道 [4.00%]50 克煮沸 60 分钟
萨兹 [3.50%]15 克煮沸 15 分钟

酵母

叶氏酵母 BA-003 Trappist 比利时修道院
酵母
Fermentis Safbrew S-33

糖化温度：
64℃持续 1 小时
麦汁于 18℃投入酵母，一星期内缓步上升
至 21℃
装瓶时的后发酵糖数量：每升 5.5~6 克

· BEER ·

波特啤酒

Porter

波特啤酒从英文直译是码头工人的意思，在以前的英国，是蓝领阶级喝的啤酒代表。18世纪初期，波特啤酒也赶上工业革命的列车，成为头几个被以现代化设备开始大量生产的啤酒类型。

波特啤酒有好几种分支，从酒精浓度低、颜色稍淡的棕色波特，到酒精浓度升高的烈波特，以及波特家族中的大哥波罗的海波特（Baltic porter）。波特啤酒家族的风味都有其类似之处，闻起来应该要有深色麦芽烘焙的焦香，或者是那种高温美拉德反应下产生的咖啡、巧克力融合着深色焦糖麦芽的太妃糖香气，有些版本还会具有麦芽烤焦般的焦苦风味。

波特啤酒虽然起源自英国，但此风格深受市场的欢迎，很多英国以外的酒厂也开始酿造这种啤酒，最典型的例子就是美国酒厂。传统上，英国波特会具有更多的核果仁风味，有时喝起来还会有龙眼干的联想，这部分主要来自于英国的麦芽。而美国波特啤酒通常不具有过多的英式麦芽风味，取而代之的是更直接爽朗的深焙咖啡与巧克力风味的展现。因此，美国波特啤酒中的深色麦芽风味，比起英国版来得要更为直接，不如英国酒相对含蓄。

　　酿造英国波特首重麦芽，而波特啤酒因为要用很多的深色麦芽，使用起来请特别注意，以免造成糖化过程的困难，并让啤酒生成过多的酸味（深色麦芽的缘故），请参考正文45页"深色麦芽的使用方法"。深色麦芽因为已经过高温美拉德反应，根据个人经验，特别容易走味或产生不必要的氧化味，建议大家用多少买多少，并与商誉良好的原料供应商购买。由于深色麦芽用量不多，买来后请包好置入冰箱，以确保品质。

　　在酵母的选择上，如果酿造英式波特，请使用英国系列酵母，英国酵母的花香味与优雅的水果酯味很迷人，由于英系酵母有惯性懒惰的倾向（低发酵能力与高沉絮性），请确保酵母投入的数量与健康程度。如果酵母是自行扩培的，适度地增加1.2~1.5倍的扩培量，以利于主发酵完整进行。发酵温度请控制在18~19℃。如果酿造美式波特，则请使用美国系列酵母，就能产生更干爽与深色麦芽风味集中的波特啤酒，发酵温度请控制在18~19℃。

　　酒花的选择也请依照国别来分，英国波特可以使用EKG（东肯特戈尔丁）或是富格尔酒花；美国波特则可以用一些当红的美国酒花，像是卡斯卡特或百周年。苦味值IBU的控制上则要达到一定程度，苦味值太低会导致酒体增加，尾韵过甜，这样的波特啤酒就失去其爽口易饮的特质。

独家配方

 **酿造总量：19升**

起始麦汁糖度：
1.050（12.4Plato）
啤酒色度：25.1SRM
苦味值：28.8IBU
酒精浓度：5.3%

麦芽配方

英国浅色麦芽：3 千克
棕色麦芽：0.5 千克
焦糖麦芽 −40°L：0.35 千克
巧克力麦芽：0.3 千克

酒花

EKG（东肯特戈尔丁）[5%]40 克
煮沸 60 分钟
EKG（东肯特戈尔丁）[5%]20 克
煮沸 10 分钟

酵母

叶氏酵母 EA-001
Fermentis Safale S-04

糖化温度：
67℃持续 1 小时
发酵温度：19℃
装瓶时的后发酵糖数量：每升 4~4.5 克

· BEER ·

帝国世涛啤酒
Imperial Stout

　　世涛啤酒是波特啤酒的兄弟款，波特啤酒问世于1720年代的英国，而世涛啤酒则再略晚些，直到1770年代左右才出现。当时世涛啤酒是使用"Stout porter"这个名字，Stout的英文直译有胖嘟嘟、结实与勇敢的意思，"Stout porter"即意指"高酒精浓度的波特啤酒"，你可以把世涛啤酒联想成放大版的波特啤酒，其酒精浓度更高、酒体更重，深焙的麦芽焦香气更为明显，整体更显厚重强烈。

　　虽然说起来简单，但在当今的精酿啤酒厂中，波特啤酒与世涛啤酒的界限却相当模糊，甚至让人摸不着头绪。这是因为波特啤酒与世涛啤酒又细分成很多子类型，导致如果啤酒迷们如果光看Porter / Stout这两个英文字，很难分辨出它们之间谁的酒精浓度应该比较高，谁的酒体与风味又会比较强烈。

　　以下是两大啤酒家族内成员的简易列表，按照酒精浓度由低至高排列：

波特啤酒家族	世涛啤酒家族
Brown porter（ABV4%~5.4%） Robust porter（ABV4.8%~6.5%） Baltic porter（ABV5.5%~9.5%）	Dry stout（ABV4%~5%） Sweet stout（ABV4%~6%） Oatmeal stout（ABV4.2%~5.9%） Foreign Extra stout（ABV5.5%~8%） （Russian）Imperial stout（ABV8%~12%）

看得眼花缭乱吧？如果面前出现两杯不同厂牌的啤酒，跟你说一杯是波特，一杯是世涛来做盲饮，在很多情况下是无法辨别的。总之，这两种啤酒不论外观与风味都很类似，我们只要了解其风味特征，并且挑选自己喜欢的类别来酿即可，风格上的细分就留给啤酒历史学家去伤脑筋吧。

帝国世涛啤酒光看名字就知道是属于风格豪迈、充满往日帝国雄壮情怀的高酒精浓度啤酒。讲到这边，顺道提一下高酒精浓度啤酒的命名习惯。德国啤酒会用博克（Bock）这个字来代表高酒精浓度、风味强烈的啤酒，比利时啤酒则会用倍数名字Dubbel（双倍）、Tripel（三倍）、Quadrupel（四倍）来表示，给人很直觉的联想。而英国啤酒常常使用帝国（Imperial）这个字眼来形容烈啤酒，有时也会直接用英文强壮（Strong）来指出这啤酒的酒精浓度可不容小觑。那美国呢？美国酒厂惯于取各家之所长，因此，以上命名方式都可在各式各样的美国酒上看到。

酿造帝国世涛这种高酒精浓度的啤酒，对于自酿玩家来说是不小的挑战。第一，你必须使用比平常酿造多了不少的麦芽量，碾麦芽的时间会延长。第二是糖化锅装得下这么大量的麦芽吗？此时，小糖化锅多装一点麦芽就满出来的缺点，被活生生地暴露出来了，也迫使我们得正视器材升级的必要性。因为麦芽量大，糖化时麦芽层的高度增高，也会大幅增加糖化过滤阻塞的概率。第三个问题则是为何收集到的麦汁量那么少？这是因为麦芽量高，导致麦渣吸掉的水分也变多，流出来的麦汁自然就减少。解决的办法是增加糖化起始水量与洒水的水量，以洗出更多的糖与收到足够的麦汁。

等到上述问题都解决了，动动手指计算一下，怎么糖化效率这么低！平常都还有75%左右的糖化效率，为何一酿起这种高酒精浓度的啤酒，效率瞬间掉到60%~65%？这就是使用家庭自酿设备必须得接受的事实。解决方法可从更精准地计算糖化水量的使用，更慢的过滤速度，延长一些煮沸时间，以得到更浓缩的麦汁来改善。

酿造帝国世涛啤酒会使用到较之前更多的麦芽，基础麦芽当然还是选英国系最好（毕竟这是英国酒），但使用德国、比利时、美国的也可以，无需受原料的限制而让酿酒寸步难行，毕竟在台湾不是什么麦芽都买得到。而帝国世涛啤酒因为要使用大量的深色麦芽，使用方式需特别注意，以免造成糖化过程的困难，并让啤酒生成过多的酸味（深色麦芽的缘故）。深色麦芽因为已经过高温美拉德反应，特别容易走味或产生不必要的氧化味，建议大家用多少买多少，并通过商誉良好的原料供应商购买。由于深色麦芽用量不多，买来后请包好并置入冰箱低温保存，以确保深色麦芽的品质。

酵母的选择与准备，对于高酒精浓度的啤酒显得异常重要。由于这个啤酒的高起始糖度（大于18Plato），因而酵母的压力特别大，很可能会因为剧烈的环境糖度改变而导致工作不顺，而酵母一旦工作不顺就容易导致漫长的发酵时间（吃得慢），以及发酵结束时过高的残糖（吃不完）。过长的发酵时间除了让酿酒师失去耐性之外，也有可能徒增其他风险。而发酵结束的残糖过高，导致酒体太浓稠与太甜也是高酒精浓度啤酒常见的缺失。所以酵母的选择与准备，永远是高酒精浓度啤酒的一大难题。

如果坚持选择英系酵母，请尽量使用发酵能力相对高（≥75%）的品种，由于高糖度麦汁会使酵母的工作压力变大，请确保投入足够的酵母数量，并确认其健康活跃度。市售干酵母请放入2~3包，如果酵母是自行扩培的，适度地增加2~3倍的扩培量可有效帮助主发酵完整进行。发酵温度则请控制在18~19℃，过高的发酵温度并不适合高酒精浓度啤酒。另外，我很推荐直接使用美系酵母来酿造高酒精浓度啤酒（比利时啤酒除外），由于美国酵母普遍具有不错的发酵能力，在高酒精浓度啤酒的酿造上，可以将残糖控制到合适的程度，产生出口感相对干爽与深色麦芽风味集中的帝国世涛啤酒。发酵温度一样不要太高，以18~19℃为佳。

苦味值IBU的高低，对于高酒精浓度啤酒也很重要，越甜的酒需要越高的苦味值来平衡，设计帝国世涛啤酒的苦味值也要比酿造波特啤酒略增加，好为啤酒提供厚实的骨架支撑并平衡苦味。当苦味值过低，会导致酒体变厚，尾韵感觉会比较甜，所以刚刚好最好。

酒花的选择也请依照国别来分，英国波特可以使用EKG（东肯特戈尔丁）或是富格尔酒花；美国波特可以使用美国酒花，如卡斯卡特、百周年都是好选择。

独家配方

 酿造总量：19升

起始麦汁糖度：
1.086（20.5Plato）
啤酒色度：46.8SRM
苦味值：61IBU
酒精浓度：9.5%

 麦芽配方

英国浅色麦芽：6 千克
棕色麦芽：1 千克
巧克力麦芽：0.6 千克
焦糖麦芽 −60°L：0.25 千克
特种 B 级麦芽：0.25 千克
烘烤大麦：0.15 千克

 酒花

地平线 [12.00%]45 克煮沸 60 分钟
EKG（东肯特戈尔丁）[6.00%]45 克
煮沸 15 分钟

 酵母

叶氏酵母 EA-001
叶氏酵母 AA-001
Fermentis Safale US-05

糖化温度：
69℃持续 1 小时
发酵温度：19℃
装瓶时的后发酵糖数量：每升 4~4.5 克

※ 帝国世涛为高酒精浓度啤酒，糖化效率以
  65% 推算。

后记
——自酿运动在台湾

台湾自酿运动的发展与否，攸关台湾整个精酿啤酒产业的未来。

2011年，华文世界第一个Facebook自酿啤酒讨论社团"自酿啤酒狂热分子俱乐部"成立，起源是王晋宏、段渊杰、宋培弘、许家维、陈嘉宏与陈铭德等人在网络上因讨论酿酒而相识，后来决定成立Facebook社团以方便讨论、快速分享资讯。而我也因缘际会成为其中的一员，改变了人生的轨迹。社团刚开始成立时，我们总觉得："台湾会有人想酿酒吗？应该没有几个吧……"没想到酿酒社团的风声传开，申请加入的人越来越多，从一开始的六个人迅速成为几百个人的中小型社团。

在网络上天天讨论如何酿啤酒，但总没机会见面，感觉怪怪的。

当初社团里的人数逐步成长，文章都在讨论酿酒技术，或是如何使用当地买得到的器材来改装成合适的酿酒设备，这是因为那时台湾的啤酒原料供应商还非常少，大家几乎都靠经营"妈妈嘴咖啡"的吕炳宏来兼职供给原料。大家对酿酒的讨论很多，但没见过面总是件遗憾的事，于是开始有人提议要仿照美国来场自酿啤酒大赛，美其名是办比赛，其实是借此作为见面会，让大家离开荧幕键盘，一睹彼此的庐山真面目。

第一届的台湾自酿啤酒大赛在2012年6月于八里的妈妈嘴咖啡举办，那时，八里的妈妈嘴咖啡还不像现在是热门景点，咖啡馆就坐落于八里河滨自行车道旁，前拥淡水河，后有观音山，夏季白天虽然也热（哪里不热呢？），但下午三点之后的树荫下就成了天堂。由于是第一次办自酿啤酒大赛，菜鸟如我们自然是什么都不懂，就傻傻地印了帆布条，摆了张桌子在妈妈嘴店门口，咖啡馆老板很帮忙，还清出咖啡馆近一半的空间，赞助比赛。第一届评审由北台湾酒厂老板温立国、台湾精酿啤酒俱乐部创办人兼精酿啤酒进口商林幼航，以及台湾精酿啤酒的品饮前辈郑承伟担任。

三位评审在咖啡馆里面评饮近40支参赛作品，争执不休，直到天黑了，才交出得奖名单。

评审在咖啡馆里评分并写下品饮纪录，场外也没闲着。自酿啤酒大赛以交流分享为出发点，比赛的同时，也让每位参赛者轮流上台分享创作心得，台下同时进行品饮，有问题立即举手，让酿酒师与品饮者之间零距离地热烈互动。最后颁奖时，都已经天黑了，仍浇不熄大伙热情的心。这场活动让社团义工们即便累得半死也满心欢喜，感觉我们做到了某些事情。但同时也开始思考，社团之于家庭酿酒界的地位？

这次比赛后，我们体会到"自酿啤酒狂热分子俱乐部"不应该仅只讨论酿酒，更要有系

第一届自酿大赛

统地降低在家酿酒的门槛。我们开始认真思考要将网络上的讨论以更有条理的方式保存下来，毕竟这些都是大家的心血结晶。Facebook的社团几乎都会面临到过往资料混乱整理不易的问题：Facebook的设计逻辑让同好者容易聚集，也容易看到彼此之间的新消息，但对于过往资料的保存却是极不方便的，很多好的讨论心血都被淹没于新的文章之中，翻找之前的讨论也很困难。这个想法促成了自酿啤酒社团资料库（http://www.homebrew.tw/）的设立。自酿啤酒社团资料库是以Google共同文件计划的方式执行，目的是有系统地将社团中的酿酒知识记录下来，让之后加入的人能够快速掌握知识。

很快地，第二届自酿啤酒大赛于2013年9月举办，这次增加了比赛的组别，让类似的啤酒类型归在同一组里评比，并制作了奖杯，让得奖的选手感受到大会的诚意。第二届算是奠定了自酿大赛的规格，包含选手报到与收酒流程的制度化、评审数量的增加与大赛规则的建立、第一次在正式的室内举行选手分享会，皆为未来的比赛建立了标准。

忙完了比赛，社团里的人又开始不安于室。陈嘉宏提议以访谈的方式来记录家庭自

酿玩家与业界职业酿酒师的酿酒思维，取名"Project B"的访谈纪录片计划也从此开始。Project B是"Project brewer酿酒师计划"的缩写，借由与职业酿酒师们的对谈，挖掘职业酿酒师们在面对酿酒哲学问题上的抉择。首集访

第二届台湾自酿大赛评审讨论现场

谈的酿酒师是北台湾麦酒的段渊杰，他不但是海内外经常获奖的业界酿酒师，平日也是家庭酿酒的爱好者，更是"自酿啤酒狂热分子俱乐部"的创始发起人之一，担任第一集来宾当之无愧。第二集的Project B我们邀请了当时仍在金色三麦工作的酿酒师许玮伦Winnie来与我们对谈，Winnie是业界稀有的女性酿酒师，她常常自诩男生能做的她也能做得来，而对于酿酒思维中细腻的部分，她有自信能做得比男生好，"柔中带刚"是Winnie的酿酒哲学。

　　第三届自酿大赛于2014年8月举办，这届比赛再度增加了比赛组别，让台湾自酿啤酒大赛持续向世界规格靠拢。这次比赛有趣的是女性家庭酿酒师异军突起，在名次上取得不错的成绩，原来在家酿酒不是男生的专利，女生也能玩得有声有色。

第三届台湾自酿啤酒大赛

　　第四届台湾自酿啤酒大赛，我们摒弃了在比赛当天进行评审评饮，改为提前一周先于北台湾麦酒酒厂内进行比赛，再到大直金色三麦旗舰店举办分享会暨第四届自酿啤酒大赛的颁奖典礼。

这样的方式更接近国外专业大赛的程序，让评审在完全没有时间压力的情况下评饮选手们的参赛酒，而比赛名次则留待颁奖典礼再公布，也省去过往现场收酒后，分分秒秒要急着请评审评分选出优胜者的焦急情形。

忙完了四届的自酿啤酒大赛，大家开始思考"自酿啤酒狂热分子俱乐部"可以为台湾自酿界做更多的事情，于是经过几次的筹备会议，我们正式在2016年1月开完第一次的会员大会，正式以"台湾自酿啤酒推广协会"的名义成立。

"台湾自酿啤酒推广协会"的任务是促进丰富的资讯分享与互助的讨论风气，我们希望点滴的努力，能让台湾自酿运动如同野火燎原般开展，进而影响整个酿酒产业。

第四届台湾自酿啤酒大赛于北台湾麦酒厂内进行评审工作

第四届台湾自酿啤酒大赛选手分享会暨颁奖典礼

作者简介

宋培弘

从书本上学习，用双手来实践，喜欢探索各领域中理想与现实的距离有多远。

白天是科技工程师，晚上是酒厂酿酒师，热爱古典音乐，期待能酿出具有音乐流动感的啤酒。

个人经历

台湾精酿啤酒厂"啤酒头酿造"共同创办人兼酿酒师

Facebook台湾自酿啤酒狂热分子俱乐部共同创办人

台湾自酿啤酒大赛共同创办人

台湾自酿啤酒推广协会常务理事

东吴大学推广部"啤酒品味养成"课程讲师

米凯乐酒吧Mikkeller Taipei共同创始人